墨菲定律

精华版

齐麟麟◎著

中国宇航出版社
·北京·

图书在版编目（CIP）数据

墨菲定律 : 精华版 / 齐麟麟编著. -- 北京 : 中国宇航出版社, 2025.1
ISBN 978-7-5159-2334-5

Ⅰ. ①墨… Ⅱ. ①齐… Ⅲ. ①成功心理－少年读物 Ⅳ. ①B848.4-49

中国国家版本馆CIP数据核字(2024)第030458号

策划编辑　吴媛媛
责任编辑　谭　颖　　**封面设计**　王晓武

出版发行　**中国宇航出版社**
社　址　北京市阜成路 8 号　　**邮　编**　100830
（010）68768548
网　址　www.caphbook.com
经　销　新华书店
发行部　（010）68767386　（010）68371900
（010）68767382　（010）88100613（传真）
零售店　读者服务部
（010）68371105
承　印　北京中科印刷有限公司
版　次　2025 年 1 月第 1 版　2025 年 1 月第 1 次印刷
规　格　880×1230　**开　本**　1/32
印　张　5.75　**字　数**　122 千字
书　号　ISBN 978-7-5159-2334-5
定　价　49.80 元

序言

什么是墨菲定律？

“墨菲定律”是当今热词，很多人把它挂在嘴上，以《墨菲定律》为主题的图书常年盘踞畅销书榜，科幻大片《星际穿越》中男主角库珀的天才女儿就叫墨菲（Murphy），影片中也多次提到了墨菲定律。不仅在国外，在中国也有小朋友叫墨菲呢！

那么，究竟什么是墨菲定律呢？墨菲定律（Murphy's Law）的原话是：如果有两种或两种以上的方式去做某件事情，而其中一种选择方式将导致灾难，则必定有人会做出这种选择。（If there are two or more ways to do something, and one of those ways can result in a catastrophe, then someone will do it.）这句子有点长是不是？那我们就来看一下简短的版本：凡事只要有可能出错，那就一定会出错。（Anything that can go wrong will go wrong.）可见，所谓的墨菲定律，是一句经验之谈，是一句箴言，或者说是一句哲言，在一些人看来，它甚至可算是一句“魔咒”。

如果说墨菲定律是一条真理，或许言之过誉，但不可否认的是，它揭示了这样一条无可辩驳的事实规律——风险能够由可能性变为突发性。让我们看几个生活中的例子吧。当衣袋里有两把钥匙，一把是家门的，一把是汽车的。如果你现在想拿出车钥匙，会发生什么？没错！就像你常常遭遇的那样，总会掏出门钥匙。大家可能都有这样的经历，当你着急去赴一个重要的约会，就在这个节骨眼，街上所有的出租车不是有客就是要下班，用手机软件叫车，不是太远就是无人接单，而当你不着急的时候，却发现周围有很多空车。再例如，你一个月前在浴室打碎了镜子，尽管仔细检查和冲刷了，也不敢光脚，等过了一段时间，相信没有危险了，脚却被扎了……

是不是很神奇？那么，墨菲到底是何许人也？这神奇的定律从何而来？

墨菲定律的诞生

墨菲确有其人，他就是爱德华·墨菲（Edward A. Murphy）。

时光回溯到20世纪40年代，美国空军正在加利福尼亚州南部的爱德华兹空军基地进行火箭测试。爱德华·墨菲作为工程师来协助试验，并带来了4个加速度计，它们能够帮助精确地测量超重力。技术人员将加速度计安装在火箭上，并正常启动。但试验结束后，技术人员发现几个加速度计的安装位置全都弄反了。这样测得的数据都是错的，一点用也没有，测试白做了，必须从头再来。

“有可能出错的事情，就会出错。”墨菲抱怨道。这是任何一位不满的工程师都可能会发出的牢骚。那么，“墨菲”怎么就被用来冠名这条“定律”了呢？这就要归功于那些酷爱制造热点话题的记者们了。

在火箭测试失败几周后，项目负责人约翰·斯塔普（John Stapp）举行了首次新闻发布会。其间，一名记者问道：“在试验期间，你们是如何做到没有人受伤的？”“我们做所有工作时都有考虑墨菲定律。”斯塔普回答。这是记者第一次听说这个词，当然不知所以然。于是，斯塔普解释了什么是墨菲定律，还补充了他们根据这条定律总结的经验：“在进行一个测试前，你必须考虑所有的可能性。”

听到这句简洁而精辟的定律，记者们如获至宝，大肆宣传。读者们看到这些报道，都眼前一亮，茅塞顿开。于是，滚雪球一样，一传十，十传百，墨菲定律名扬四海，这个名称也成为公认的既定事实。有人指出，英国数学家奥古斯都·德·摩根（Augustus De Morgan）在19世纪就曾写下同理哲言：“如果我们做足够多次的试验，该发生的事终究会发生。”虽然如此，“大家都这么说，真相终将哑口无言。”或许，这也应该算作一条新的墨菲定律吧。

墨菲定律为什么能一炮而红？因为它以黑色幽默的形式和自嘲反讽的语气，给我们带来了宝贵的启示。

墨菲定律的背景和启示

“墨菲定律”诞生于20世纪中叶，那正是一个经济飞速发展，科技快速进步，人类开始自信能够真正主宰世界的时代。那时，处处洋溢着乐观主义精神——对大自然、对各种疾病以及其他困难，人类取得了一个接一个胜利，并不断扩大优势。人类不但飞上了天空，而且正飞向太空……越来越多的人相信，人类能够随心所欲地改造世界，这一切似乎预示着：人类将是万能的，一切问题都将迎刃而解。无论是怎样的困难和挑战，人类总能找到办法和对策。

这种盲目的乐观主义，就像酒精一样容易让人上瘾，又像让人趋之若鹜的时髦商品让人唯恐自己落伍。正是它，使我们忘记了，相对于亘古长存的茫茫宇宙来说，我们的智慧只能说是幼稚而肤浅的。世界无比庞大复杂。人类虽可称万物之灵，并且正变得越来越聪明，但是，人类永远也不可能彻底了解世间的万事万物。人类还有个难以避免的弱点，就是做事会犯错误，而且总会犯错误。正是因为这两方面的原因，生活中大大小小的错误、失误、事故和灾难才会层出不穷。

“墨菲定律”一诞生，就开始搅动世人麻痹大意的心。它提醒我们，解决问题的手段越复杂，将要面临的麻烦就越多，事故照旧还会发生，而且永远会发生。“墨菲定律”忠告我们，面对人类与生俱来的自身缺陷，我们应该想得更周到、更全面一些，采取更多的保障措施，防止偶然发生的人为失误导致的损失和灾难。归根到底，错误与我们一样，都是这个世界的一部分，它们将永远与我们共存。妄自尊大只会让我们自讨苦吃，我们必须学会接受错误，并从中不断学习成功的经验，吸取失败的教训。

墨菲定律的细分和演变

最初的墨菲定律非常简洁精炼，同时又极具启发性。这短短的一句话，就像一把朴素的铜钥匙，打开了思想的宝库；就像一根导火线，点燃了灿烂的思想礼花。

下面是对墨菲定律公认的比较权威的解析，共 4 条结论。

（1）任何事都比看起来的更复杂。

（2）所有事都比预估的更耗时。

（3）会出错的事总会出错。

（4）如果我们担心某种情况发生，那么它就更有可能发生。

随着时间的推移，案例的积累，墨菲定律的内容越来越丰富，大部分是世界各地的人们总结补充的，也有一些是大家摘录的符合墨菲风格的经典名家名言。同时，墨菲定律涉及的领域也更加多元化。以本书为例，全书包括四章 14 个主题，精选多条定律，既有经典定律，也有与时俱进的新生定律，涉及生活、工作和学习的方方面面。对于墨菲定律的研究，还在持续深入进行，有人甚至把这类研究冠以“墨菲学”，俨然成为独立学科。

墨菲定律并不复杂，每一条都力求用尽量少的字说得尽量清晰；墨菲定律并不晦涩，能直截了当就不隔靴搔痒。有些墨菲定律像是牢骚，但能直指症结所在；有些墨菲定律诙谐俏皮，嬉笑之余让人有所感悟。墨菲定律诞生于批评，发展于批判和反思，但细细琢磨，总能发现正面的力量。所以，我们也可以直接从正面来理解墨菲定律——任何有用的东西，终会有用。作为这本《墨菲定律精华版》的编者，我相信，它终会对读者有用。

目录

第一章

基础篇

一、基础墨菲定律

基础墨菲定律：只要有可能出错，就迟早会出错。

推论：

1. 事情永远不会像看上去那么简单。

2. 如果有几件事情会出错，那么它们总会同时出错。

3. 如果有几件事情会没有同时出错，那么最错不起的那件一定会出错。

4. 出错时放任不管，事情会错上加错。

5. 解决问题所花费的时间总是会超出预期。

6. 当你想要开始干一件事情时，总是会先处理其他事情。

7. 解决方案总是会带来新的问题。

8. 如果你发现流程中有 4 处漏洞并成功弥补，那么第 5 个漏洞很快就会出现。

错上加错墨菲定律：如果出现错上加错，那只不过是一个开始，此后会一错再错，没完没了。

奇泽姆定律：如果一切都进行得太顺利，那么错将临头。

推论：

1. 每当你觉得事情糟透了时，它还会变得更糟。

2. 每当事情出现好转时，肯定是你已经放弃时。

好事会错过定律：对于好事情，不要等太久，它们会与你失之交臂，就像两艘夜行船，擦身而过，回不到原本可以相遇的瞬间。

坏消息定律：坏消息往往是真消息。换句话说，真消息往往是坏消息，如你所愿的消息往往是假消息。

真理客观定律：真理就是真理，无法证明，也不可否认。

折痕定律：生活就像一张纸，有些记忆就像折痕，一旦留下，就无法抹平。

帕德定律：开头良好，结局糟糕；开头糟糕，结局会更糟糕。

不能说定律：每当你说起一件事情，如果是好事，就会消失；如果是坏事，就会发生。

辐射定律：每当我们做一件事情的时候，与它相关的一些事情会受到影响。

推论：这个世界的每件事之间都存在着一定的联系，没有事情是完全独立的，想要解决某个难题，最好可以从其他方面入手，不要只在一个地方死抠。

规则定律：规则很难掌握，一旦掌握了，很快就会改变。

至少错两次定律：错两次通常都不会马上让我们得到正确答案，要犯上三四次错才行。

研究定律：充分的研究会产生坚实的结果，无端的空想只是空中楼阁。

一点定律：

1. 所有的“开玩笑”都带着一点认真。
2. 所有的“不懂”都带着一点懂。
3. 每一次“不在乎”背后都有一点在乎。
4. 每一句“我没事”背后都有一点伤痛。

世上无废牌定律：张三手上的一张废牌，可能就是李四的一张好牌。

骑马定律：一个人不可能同时骑两匹马。

不足为奇定律：爬到最高的境界，你会赫然发现，其实那里的景色对你已是不足为奇。

盲目与勇气定律：盲目可以增加勇气，因为你看不见危险。

脸皮无用定律：个别人成功的秘诀是，人死之后，脸不过也是灰烬，要脸皮又有什么用呢？所以，他们会抓住每次丢脸的机会，感谢每个让其丢脸的人。

饿与恶定律：两个饿人并不比一个饿人饿两倍，但两个恶人却会比一个恶人恶十倍。

夭折定律：在每个人的心灵深处，都或深或浅地埋葬着一个夭折的天才。

被喜欢定律：被喜欢不一定值得炫耀，蚊子不也挺喜欢你吗？

缺点发霉定律：千万不要无视自己的缺点，如果它发霉，会殃及你的优点。

野心定律：野心招人讨厌，却常常是成功的根源。

影子定律：如果人想弯下腰扶正自己的影子，那么他的影子会变得更歪。

无趣定律：总是用严肃的眼光看有趣的事情，看久了它们也会变得无趣。

欺负定律：欺负弱者是缺德，欺负强者是缺心眼。

聪明人失败定律：聪明人遭遇失败，往往是因为他们在小得小失中浪费了太多的精力。

围观定律：当有人在一旁围观时，一定会出问题。

结局定律：没有结局，比有一个可怕的结局更可怕。

天才定律：天才与笨蛋的最大差别，就是天才知道自己有一定的局限性。

倒霉应验定律：那些可能碰到的倒霉事，总是会应验。

第一持有定律：在拿到第二个之前，千万不能把第一个随便扔掉。

马歇尔广义冰山定律：对世界上所有的事情，我们只能了解冰山一角。

机会定律：机会很可能就是命运的笔名，它不愿意签署真名，要善于识别。

悬崖边缘定律：当站在悬崖边的一刻，既是需要保持冷静的时刻，也是永远不能保持冷静的时刻。

预测定律：人们总能在大结局之后，做出正确的“预测”。

消息定律：当人们等消息时，率先来的往往是坏消息。

因果定律： 凡事都有原因。换句话说，对于任何现象，都不用觉得不可理解或不可思议，因为万事早就埋下了原因，现在的状况就是过去行为的结果。

喜欢定律： 人们喜欢的东西，往往是与众不同的、不完美的或者是让人们身体发福的。

失败定律： 失败对于强者是个逗号，对于弱者是个句号。

两点定律： 别人只会记住一个人的两个方面——解决的问题和制造的问题。

立场定律： 立场很重要，只要它一走开，所有人都会趴下。

抓住机遇定律： 懂得抓住机遇的人，就算是被人绊倒，也能够抓住那个人的脚踝爬起来反击。

出错定律： 多做多错，少做少错，不做才能不错。

大混乱定律： 谨小慎微会让小麻烦演变成大混乱。

累积定律： 很多年轻人都曾梦想要成就一番大事业，可世上并没那么多大事可做，大多只是小事。实际上，只有把一件件小事积累起来，才能成就大事。所有大成就或大失败都是累积的结果。

想象力原理： 想象力丰富的人，通常注意力都很难集中。

愚蠢定律：愚蠢是无法彻底避免的，因为愚蠢充满活力。

真相定律：如果真相对你有利，那么相信的人一定没几个。

万物相关定律：世界上所有的事情之间都有一定的联系，没有什么事情是完全独立的。要解决某个难题，最好是从多个方面入手，不要只盯着一个难点。

惯性定律：任何事情只要能坚持不懈去强化，最终都会变成习惯。

不一般定律：一般人总会觉得自己不一般。

格里森之谜定律：米粒大小的洞最终会排空最大的容器，如果故意用它来排空，它却会被堵上。

大问题定律：每个小问题里都藏着大问题，而且每次都是由小问题引出的。

期望的非互逆定律：如果不期待的事情不会发生，那么期待的事情也实现不了。

选择性重力定律：抛开物理原理不谈，手里的东西总是以摔得最狠的方式掉落。

成功不可加速定律：时钟能够拨快，但成功无法通过加速取得。

电梯与台阶定律：通往成功的电梯经常故障，不过值得庆幸的是，一个人有腿就可以爬楼梯，一步一个台阶。

讨好必败定律：成功没有必胜秘诀，必败倒是有一条，那就是去讨好所有人！

二、名人墨菲定律

巴尔扎克推论：愚昧是罪恶之源，一个人犯罪的首要原因是他没有推理的能力。

松下幸之助定律：千万不要轻易断言选择不同道路的人是傻瓜，因为你也可能是傻瓜。

卢梭定律：人之所以会犯错，不是因为不懂，而是因为总自以为什么都懂。

泰戈尔定律：世界上最糟糕的情况莫过于表面上光鲜亮丽，但骨子里问题滋生。

梅勒定律：如果事实与理论不符，那么事实最终往往被忽视。

塞涅卡定律：如果一个人没有自己的方向，那么所有的风都是他的逆风。

尼古拉斯定律：一个人总能发现不如自己的人，并获得其赞美。

萧伯纳定律：当一个人做连自己都感到惭愧的事时，总是告诉全世界那是他的职责。

弗雷德定律：今天威风凛凛的大公鸡，明天就可能会变成鸡毛掸子。

坂田昌一命名定律：很多人认为名称不过是一个符号，怎么选取都无所谓；但是名称代表本质，如果选用不当，本质常常也会被误解。

歌德定律：成功者常常遭受一群人的追捧，这很可怕，可能意味着成功者被围困了。

寺田寅彦定律：祸害总是在即将忽略它时悄然而至。

福瑞斯科定律：一个人清楚自己在做什么，就会感到无聊。要是不知道自己在做什么，会感到更无聊。

柏拉图定律：很多时候，真理都站在少数人一边。

歌德定律：人们常常混淆真理与错误，然后还去教别人，但传播下去的往往是错误。

莱蒙托夫定律：美食过多会引起消化不良，这时就需要苦口良药和逆耳忠言了。

莎士比亚人心定律：蠢蠢欲动的人心，一旦有什么激变，就会造成不可收拾的混乱。

哈谢克定律：对于非做不可的事，智者最先做，愚者最后做。

波普尔定律：一旦理论形成了，就有了自己的生命。它们能够产生不可预见的结果，也会引发新的问题。

萨缪尔森定律：人们要推翻一个错误的旧理论，与其说它不符合事实，倒不如说人们发现了正确的新理论。

富兰克林定律：大多数人认为自己只是有点无知。

缪塞定律：世界上最奇怪的事情之一，就是当局者迷。

罗塞尔定律：这世界最大的麻烦莫过于愚者坚定，智者迟疑。

克里斯托尔定律：失败很讨厌，却不是最讨厌的，因为获得成功时，忧患才真正地开始。

伊索定律：失败者往往会用别人更大的不幸来安慰自己，而不是用别人更大的成功来激励自己，多么可悲！

莎士比亚黑夜定律：黑夜让眼睛无用，却让耳朵变得更加灵敏。有失必有得，对于失去的不必眷恋，对于得到的满怀欢欣。

赫拉克利特定律：上升通道与下降通道往往是同一条路。路始终都没有变，变的只是想法。

罗兰定律：一个人对别人做的蠢事幸灾乐祸，只能证明他更蠢。

萨迪无知定律：愚者犯错，好比盲人走错路；智者明知故犯，好比平地栽跟头。

拉·封丹定律：人类常常对真理冷若冰霜，对谬论却热情似火。

推论：

1. 既然每一个谬论的反面就是一个真理，那么真理与谬论的数目应该是相等的，也都是无穷无尽的。

2. 今天被交口称赞的真理，明天就可能变成一文不值的谬论。

3. 谬论怎么坚持也变不成真理。

贺拉斯定律：如果大方向错了，偏左偏右总是错的，唯一不同的只是错误的具体路径罢了。

笛卡儿意见定律：反对意见从两个方面让我们受益，一方面是帮我们发现自己的错误，另一方面是多个人常比一个人看得更明白。

海顿名声定律：世界上最难的三件事是，第一，获得名声；第二，有生之年保住名声；第三，死后还能保住名声。

富勒愚蠢定律：如果自己把自己当成蠢驴，那么就不要怪别人来骑你。

西塞罗命运定律：命运女神不仅自己盲目，还会让她偏爱的人也盲目。

斯特林堡定律：如果想把什么问题都查得水落石出，就会毁掉生活中最好的东西。

泰勒定律：一件事情的原因一旦形成，那么结果就将不可避免，迟早会来。

孟德斯鸠定律：每个人都想超凡脱俗，结果大家都变成了一个样子，难分彼此；每个人都想受到尊敬，结果都不相互尊敬。

密尔定律：当人们倾力奔向某个目标时，其他目标可能正在远离。

利希滕贝格定律：落在苍蝇拍上的苍蝇最安全。

甘哈曼定律：进步源于适当的妥协，后退一步可以更有力地向前冲刺。

维加诺定律：正如低垂的乌云不会预示什么好天气。既然发现了苗头，就不要心存侥幸，要及时把“晾晒的东西”收起来，以免造成不必要的损失。

塞万提斯定律： 发光的东西不一定是金子，但金子一定会发光。

培根自然定律： 只有顺应自然，才有机会驾驭自然。如果与自然对抗，一定会以失败告终。

雨果定律： 从伟大到可笑，往往只有一步之遥。从可笑到伟大，往往也只差一步。但是，这一步比前者难千万倍。

孟德斯鸠改名定律： 给一件东西改名并不难，难的是改变其本质。

克拉克变革思想定律： 科学与艺术领域的每一次变革，都会引发三个阶段的反应。首先，“不可能，别瞎耽误功夫。”其次，“有可能，但不值得做。”最后，“我一开始就说这是一个好主意。”

富勒定律： 愚者的特征之一是犹豫个没完。

卢克莱修定律： 任何东西的变化一旦超出了自己的界限，那就意味着即将寿终正寝。

桑桂尔定律： 所有东西都在变化，只有“变化”本身是永远不变的。

贝克定律：在科学上，非生命物体通常可以分为三种——没用的东西、坏掉的东西和丢失的东西。

伯赛格定律：每个现实存在都有无数个可能的合理假设。

沃德定律：别急于看清自己是谁，而是要尽快决定自己做谁。

菲利普定律：如果降低标准接受错位，那么它就会永远存在，而一旦不接受，它就会被消灭。

三、应用墨菲定律

山本宣治定律：如果知识是一种商品，那么老师就是推销员。

狄德罗定律：宁可知道得少一些，也要知道得准一些，否则还不如根本不知道。

伪科学定律：应该警惕一切伪科学，它比无知更有害。

塞万提斯定律：就算是王公贵族，如果没有知识，也只是凡夫俗子。

拉普拉斯定律：已知有限，而未知无穷。

查斯特菲尔德定律：知识赋予人责任，而成就赋予人荣誉。大多数人只看到了荣誉的光芒，却忽视了责任的分量。

培根知识定律：人有多少知识，就拥有多少力量，一个人的知识就是他的力量。

杜威求知名言：无论哪个年龄段，如果没有应该有的知识，那么就一定会感受到相应的痛苦。

知识定律：真正的知识大多隐藏在让出版商赔钱的书中。

读书阶梯定律：如果不能把知识转化为智慧，学习之梯就会一次次坍塌。

富兰克林知识获取定律：我们的知识大部分都是在寻找这个资料时意外发现的那个资料。

富兰克林知识投资定律：我们掌握的知识，没有人能够夺走。因此对知识的投资，是收益最佳的投资。

知识分类定律：知识可以分为两类，一类是已经掌握的知识，另一类是知道怎么去掌握的知识。

黑格尔观察：无知的人是不自由的，因为他被困在陌生的世界里。

歌德讽刺：无知者常常会提出智者在1000年前就已经解答过的问题。

赛宾斯定律：缺乏系统的知识，即使是天才终究也会成为庸才。直觉只能解决部分问题，天才与科学相结合，才能取得最大的成功。

叔本华知识名言：缺乏系统性知识的人，就像是一个庸医，虽然知道什么病要开什么药，却不明白病因和药理。

爱尔维修定律：每一位研究人类灾难史的人都明白一个道理：世界上大部分的不幸都源于无知。

达尔文评论：无知的人总比有知识的人更自信，只有他们才敢自信地断言“科学永远不能解决所有问题”。

柏拉图定律：如果一个人不了解某种技艺，那么对于这项技艺的描述，他就不能做出正确的判断。

爱因斯坦忠告：努力追求真理与知识，是人的优秀品质之一。但是，把这个口号喊得最响亮的人，往往是那些最不努力的人。

罗明格教师规则：

1. 如果一名学生问你有没有看过他的读后感两次以上，那么他肯定没有真正去读过那本书。

2. 如果上课点名，就会有人缺考；如果上课不点名，考试时就会有首次出现的学生。

契诃夫染缸定律：大学可以培养人的全面能力，包括愚蠢。

英格蒙尔定律：在大学这种地方，石块可以磨光，但钻石也会不再耀眼。

爱因斯坦观察：因为数学定理与现实有关，所以通常是不确定的，一旦确定下来，它们也就脱离现实了。

冯·诺依曼的观察：对于数学，你不需要去了解什么，只需要去习惯什么。

马斯洛定理：一个人想要认识特殊事物，就必须充分地亲身体验它，除此之外，别无他法。

富兰克林学习名言：学而不能致用的人就像一匹驮着书的马，永远不知道自己驮的是一堆书而不是一捆柴。

爱默生教育理念：从小学到大学的教学内容都不属于教育，只是一种教育手段。

威望定律：真正有威望的老师一定会在某些学生身上留下永恒的痕迹。

求知定律：如果学生只把老师当成模仿对象，而不是竞争对手，那就永远不可能超越老师。

约翰逊定律：没有知识的正直是软弱的，没有正直的知识是危险的。

求知欲定律：求知欲有两种，一种是牟利，也就是学有用的东西；另一种是图名，也就是想要知道别人不知道的东西。

学习定律：雄鹰向乌鸦学习，是最浪费时间的事情。

罗蒙诺索夫定律：历史上第一个在大学任教的人，一定没有上过大学。

蒙田定律：无知主要有两种，粗浅的无知出现在学习之前，广博的无知则跟随在学习之后。

别林斯基箴言：不好的书会宣扬错误概念，让无知的人离真理更远。

叔本华定律：对于不爱思考的人来说，读书意味着用别人的头脑来取代自己的头脑。

华罗庚的学习之道：学习一定要踏实，不能踏空一步。踏空一步，就要付出沉重的代价；踏空多步，补不胜补，就会使人上不去，就会完全泄气。

笔记的作用：一方面是要把重点记下来；另一方面是要写下不同的意见，写出自己的看法，表达自己的观点。

居里定律：实验结果离书本中的理论越远，离诺贝尔奖就越近。

巴尔扎克眼中的教育：教育是一个民族最伟大的生存法宝，

是唯一一种能够减恶增善的手段。

歌德观察：文学的衰落意味着国家的衰落，两者在走下坡路时总是并驾齐驱。

读书定律：一本伟大的书，一定能让众多读者变得更加优秀。

萧伯纳知识名言：知识匮乏的地方，愚昧就会自封为科学。

冯·布劳恩信条：当我们不知道自己在做什么时，那一定是在搞研究。

兰德怀疑定律：实验行不通，就怀疑实验；实验行得通，就怀疑理论。

第斯多惠定律：差老师宣讲真理，好老师则会引导学生主动去发现真理。

夸美纽斯教育名言：

1. 学习可以分为不同的阶段，求学者一定要让先学到的知识为后面的学习开路。

2. 教育应遵循自然秩序，教育要依据儿童天性。

爱默生观察：谁能把复杂的事情变简单，谁就可以当老师了。

杜威定律：只要将学校与生活联系起来，那么所有的学科都一定能联系起来。

福柯忠告：求知路漫漫，有起无终。

培根学习名言：断章取义是学习上的蛀虫与蝼蚁，那样学习还不如不学习。

雪莱训诫：我们越是认真学习就越能发现自己的不足。

罗素观察：学习的妙处在于，让不愉快变得愉快，让愉快变得更愉快。

阿伯拉德忠告：求知者理应享有充分的批判自由，不应背负全盘接受的义务，否则所有的研究道路都将被堵塞。

贝尔纳箴言：人类学习的最大障碍是已知的东西，而不是未知的东西。

笛卡儿观察：世界这么大，能够最公平被分配的是常识。

巴甫洛夫学习第一定律：当攀登学问的高峰以前，先应该去学习它的 ABC。

巴甫洛夫学习第二定律：想要一下子全知道，就意味着终将一无所知。

富兰克林定律：不学无术者的想象只不过是胡思乱想。

富兰克林忠告：比起不学无术的人，学而无术的人更笨。

马克·吐温观察：人不学习，将一事无成，只能乞求帮助，错失机会。

萨迪定律：不能择善道而行的学者，就像举着火炬的盲人，虽然能替别人照路，却无法引导自己。

培根定律：实践可以检验知识本身的真伪，修正知识本身的错误。

托尔斯泰训诫：如果学生在学校没有学会创新，那么他只能靠模仿与抄袭度过余生。

哥尔斯密定律：错误百出的书可能是有趣的书，一点儿错都没有的书可能是乏味的书。

卢梭忠告：如果不读书，思想将会枯竭。

贝尔纳定律：很多学者就像是银行职员，虽然手握金库钥匙，但是里面的钱一分都不是他的。

游手好闲定律：游手好闲地学习还不如去学游手好闲。

亚里士多德训诫：

1. 教育是顺境中的安乐窝，是逆境中的避难所。
2. 教育的根须是苦的，但果实是甜的。

康德忠告：人只有接受教育才能真正成为人，或者说人是教育的结果。

苏霍姆林斯基箴言：糟糕的书籍就像满是污垢的窗户，透过它什么都看不清楚，还遮蔽了阳光。

琼森定律：世上无师自通或自学成才的人毕竟是极少数，因为无人指点，力气常常没有用在点子上。

巴禾乌拉定律：人类都有阴暗的一面与阳光的一面，教育的目的就是滋养人的心灵，让阳光能够击败阴暗。

普罗塔哥拉名言：本性与教育在某些方面是相似的，教育可以改变一个人，创造出第二本性。

洛克忠告：人之所以千差万别，主要是教育差异的缘故。

斯宾塞忠告：教课应该从具体开始，以抽象结束。

罗素忠告：教育不是为了生产机器，而是为了创造真正有思想与智慧的人。

卢梭箴言：除了面包，教育是对民众最重要的东西。

彼特拉克定律：书籍可以让一些人博学多才，但也会让一些人顽固不化。

茹贝尔定律：教育不只是锻炼记忆力与启发理解力，它的主要职责是引导意志力。

洛克教育法则：教育上的错误比其他错误更加严重，尽量不要犯错。就好比配药一样，争取第一次就没错，绝对不能指望第二次、第三次配药去补救。教育上的错误可能会影响人的一生。

卢梭教育名言：一个受到不良教育的孩子，远远不及没有受过任何教育的孩子。

教育拨款定律：多给教育拨款一元钱，就相当于将来少给监狱拨一元钱。

关电视定律：一键开启智慧之门的方法——关掉电视，阅读名著。

利希滕贝格读书定律：阅读有点像借债投资，在阅读中的体会与收获就是投资所得。

罗兰观察：每个人都会通过读书研究自己，不是发展自己，就是控制自己。

乌申斯基定律：有些人不会读书；有些人机械地读书，不会从字里行间汲取思想，书籍会让他们哑口无言。

出版商的感叹：印好的书有一半没有卖出去，销售出的书有一半没有人看，看了的书有一半没被理解，被理解的部分有一半都理解错了。

特罗洛普名言：对于一本书来说，最重要的是让人读进去。

叔本华读书名言

1. 生命短暂，精力有限，读好书不读坏书。

2. 读一本不适合自己的书，还不如不读书。我们必须学会选择最有价值、最适合自己的读物。

爱默生读书三原则：一是不读出版不到一年的书；二是不读没有名气的书；三是不读自己不喜欢的书。

都德藏书定律：很多人的藏书都可以贴上药瓶上常见的标签“外用”。因为他们的藏书是摆着看的，与思想和内心无关。

诺里斯定律：只读书不思考，也许可以提高知识量，但绝对不会让人的头脑更清晰。

歌德读书忠告：经验丰富的人在读书时，两只眼睛有不同用途，一只盯着纸面上的文字，另一只则能看透文字的表面。

苏霍姆林斯基谈课外阅读：课外阅读既是“思考”这艘大船借以航行的帆，也是吹动风帆的风。

发表定律：你非常自豪地发表了一篇文章，期待得到读者的好评，这时你得到的第一个反馈，很可能是“有个错别字”之类的。

递推定律：当你偷看前面人的考卷时，后面的人很可能也在想方设法偷看你的。

图书馆墨菲定律：你到图书馆借书，明明能检索到，但架子上却经常没有。

推论：

1. 你不去图书馆，书总是待在那里。

2. 你去图书馆了，书也在架子上，你却检索不到它。

法朗士定律：一定不能把书借给别人，因为很少有人会想着还书。

考试墨菲定律：我们常常相信偷看来的答案是正确的。

橡皮定律：考场上，捡自己掉在地上的橡皮时，做贼心虚的感觉油然而生。

时间换算定律：考试前，一秒等于十分钟；考试中，十分钟等于一秒。

作弊与监考定律：每个被抓住作弊的学生都会极力辩解自己是清白的，每个抓住作弊学生的老师都会努力证明自己的判断是正确的。

矛盾定律：你抄答案时，总是希望老师看不到你；别人抄答案时，你总是盼望着老师能发现他。

考场气氛定律：考场上永远死气沉沉，除非老师突然离开一会儿。

课程安排两大定律：

1. 你想要选修的课程如果有 *N* 个名额，那么你一定是第 *N*+1 个申请者。

2. 你选的两节课的教室总是分别位于校园的两端。

法埃尔口误定律：在老师口误之前，没有一个学生在听讲。

时间价值定律：只有到了考试结束铃响的那一刻，你才知道时间是多么宝贵。

肌肉考题定律：考卷上总有一道大题，老师觉得它是鸡肋，好学生把它当成鸡大腿，差学生把它当成鸡屁股。

考场倒霉定律：一分的题，你壮着胆子作弊，结果还是被发现了。就如同你弯腰去捡一毛钱，却丢了十块钱。

不公平定律：一字不漏抄你答案的同学得了 60 分，而你却得了 59 分。

麦雷迪斯研究生生存定律：不要让导师注意到你，否则你就倒霉了。

四、时光墨菲定律

时间“相对论”：一分钟到底有多长？这要看你是蹲在厕所里面，还是在外面排队。

未来远近定律：未来越是遥不可及，看上去越美；越是近在咫尺，看上去越平淡无奇。

按时着手定律：本该在今天开始的工作如果没按时着手，明天再早开始也是耽误。

活在过去定律：活在过去只有一个好处，那就是物价便宜。

让路定律：浪费时间就是在人生的路上徘徊不前，懂得珍惜时间的人则会勇往直前，前者不得不给后者让开一条大路。

时间价值定律：浪费时间的人没有看清自己生命的价值。

时光不返定律：人类没有任何办法能够再次敲响逝去的钟声。

人生漫长定律：马克·吐温说过，如果你戒酒戒烟，不再出去狂欢，你不一定能活得更久，但会感到人生更加漫长。

人生遗憾定律：萧伯纳这样写道，人生最大的遗憾，就是年轻时激情澎湃的梦想没能实现，年老后没有什么值得回味追忆。

勇气珍贵定律：勇气是年轻人最璀璨夺目的珍宝。

公平与不公定律：时间永远是最公平的，给每个人的都是 24 小时；时间也是最不公平的，每个人能利用的不都是 24 小时。

慷慨与吝啬定律：谁对时间越吝啬，时间就会对谁越慷慨。

珍惜与抱怨定律：珍惜时间的人，连抱怨“时间不够”的时间都没有。

生而中年定律：如果人一生下来就是中年，然后慢慢变年轻，那他们一定会珍惜每一寸光阴，绝不会在鸡毛蒜皮的小事上消耗自己。

静谧夜晚定律：煦暖宁静的夜晚给老年人带来的是安乐，给风华正茂的年轻人带来的是希望。

放弃时间定律：弃时间于不顾的人，不仅不会拥有更多时间，还终将被时间放弃，陷于茫然。

省时定律： 如果想节省时间，就必须先学会拒绝。

和时间赛跑定律： 敢于和时间赛跑的人，不一定会赢过时间，但会获得更多时间。

重视今天第一定律： 歌德忠告我们，忽视今天的人终将会被明天忘记，因为明天必将变成今天。

重视今天第二定律： 懒人总喜欢谈论明天，却懒得考虑今天。

明天打脸定律： 今天没脸没皮，明天必被打脸。

49 岁定律： 一个人活到 49 岁时，最大的安慰就是自己意识到，对于年轻人来说，自己是长辈了。

历史不说谎定律： 英国文学史家、文学批评家圣茨伯里指出，历史学家可以胡编乱造，但时间会让历史真相大白。

迟到定律： 经常迟到的人，经常抱怨自己时间不够。

节约时间定律： 培根指出，节约时间的最有效方法就是合理安排时间。

日长与年长定律： 日复一日，年复一年，时间总是积日为年地流逝着。老年人总是感叹日长年短，年轻人则抱怨日短年长。

昨天今天明天定律： 荒废今天者，必被明天抛弃，而昨天早已是过眼云烟。

历史与时间定律：塞万提斯说，历史孕育了真理，能与时间抗衡。它是古人的踪迹，今人的明镜，后人的宝鉴。

吉本历史记录：英国著名历史学家爱德华·吉本指出，历史记录了人类的灾难、愚蠢和罪恶，或流芳百世，或遗臭万年，有所作为的人都无法逃脱历史的记录。

时间资本定律：巴尔扎克有这样的箴言，除了用脑用心外，时间是白手起家者唯一的资本。

时间一去不返定律：杰弗雷·乔叟说，丢失的牛羊还可能找回来，但逝去的时间再也找不回来了。

时间浪费定律：人类的经验证明，大部分的时间都是被一分钟一分钟，而不是一小时一小时地浪费掉的。底部有小洞的桶与被一脚踢翻的桶一样，最后都会流空。

三思定律：法国军事家巴泰勒米·卡特林·儒贝尔留下了这样的忠告——思考的时候，想想过去；享乐的时候，想想现在；不管要做什么，想想将来。

充裕与匮乏定律：歌德一针见血地指出，善于利用时间的人总是时间充裕，而不善于利用时间的人总是时间匮乏。

时间之力定律：英国作家司各特曾写下这句如诗的箴言，时光可以锈蚀最锋利的刀，岁月能够折断最强韧的弓。

时间增值定律：美国植物育种家卢瑟·伯班克提醒世人，时间并不能增加一个人的生命，但珍惜时间能让生命更有价值。

明天送葬定律：俄国大文豪屠格涅夫写道，明天，明天，还有明天……人们总是这样安慰自己，却不知道一个个明天，会一步步将他们送入坟墓。

研究昨天定律：斯宾诺莎提醒世人，如果想要让今天与昨天不同，那么请耐心地研究昨天。

柏拉图时间箴言：时间能改变一切，你的名字、性格、外貌以及命运全都能被改变。

席勒时间步伐定律：时间的步伐有三种——未来姗姗来迟，现在像箭一般飞逝，过去岿然不动。

塞涅卡时间第一定律：拖延现在与期待未来是对时间的最大损害。我们不应该放弃可以把握的现在，而把希望寄托于虚无缥缈的未来，为不确定的事情而忽视确定的事情。

塞涅卡时间第二定律：任何人都没有权力预支未来。

培根时间价格定律：时间与事业的关系，有点像价格与商品的关系。做事耗时太多，就好比买东西的价格太高。

打发与利用定律：德国哲学家叔本华说，凡夫俗子总在想如何打发时间，有所作为的人却总在想如何有效地利用时间。

消费与浪费定律：人类都是时间的消费者，但大部分人其实只是在浪费时间。

生命和时间无知定律：法国启蒙思想家，哲学家保尔·昂利·霍尔巴赫有这样的忠告，人们总是在感叹生命短暂与时间飞逝，而对于生命和时间的价值与意义，大部分人却一辈子茫然无知。

事前事后定律：时间可以在事后为我们解释一切，但对于事前的询问，它总是用沉默来回答。

改名换姓定律：时间常常会给那些我们不理解的东西改名换姓，但到头来我们还是不理解。

莎士比亚时间定律：时间就像是一个趋炎附势的饭馆老板，对要走的客人，只是轻轻地挥一挥手；对新来的客人，总是张开双臂，小跑过去拥抱，微笑欢迎，结账后又是故伎重演。

福楼拜历史定律：由于对历史的无知，我们总是不遗余力地贬损自己的时代，而且周而复始。

时间苦乐定律：痛苦的一小时很长，欢乐的一天却很短。

时间疗伤定律：古希腊文学家米南德留下了这句大家耳熟能详的名言——时间可以治愈所有创伤。

伏尔泰论时间：最长的莫过于时间，因为它永远没有穷尽；最短的也莫过于时间，因为很多计划都来不及完成。对于等待的人，时间是最慢的；对于行乐的人，时间是最快的。时间可以扩展到无限大，也可以分割到无限小。人们都轻视现在，惋惜过往。没有了时间，任何事情都无法完成。琐屑小事都会被忘却，时间会让伟人大事永远被铭记。

工具与沙发定律：人们应该把时间当作工具而不是沙发，应该站着工作而不是坐着享受。

命运注定定律：如果谁知道了自己的命运已经注定，那么他的一生将会在无尽的无聊、惶恐和绝望中度过，连一瞬间的坦然都成了奢望。

过去现在未来定律：法国数学家布莱士·帕斯卡提醒世人，我们总是忽视现在，即便偶尔考虑到一下未来，也只是为了应付，才突然想到可以从现在挖掘一丝指引未来的光。我们从不把现在当作目的，过去与现在只不过是我们的手段，我们总是寄希望于未来。

时间无敌定律：莎士比亚说，没有人能敌得过时间的镰刀，但是不必想太多，你死之后，你的子子孙孙一样敌不过它。

人生两分半定律：希腊作家普鲁塔克比喻道，人生苦短，只有“两分半钟”的时间，一分钟用来欢笑，一分钟用来感叹，半分钟用来爱，半分钟用来虚度，然后在第三分钟死去。

时间雕刻定律：时间能刺破青春的华美精致，能在美人的额头刻下平行线。会吞噬稀世珍宝与天生丽质，世间的一切都逃不过它横扫的镰刀。

常数与变数定律：对于慵懒的人，时间是一个常数；对于勤奋的人，却是一个变数。

时间计量定律：用“分”计量时间的人，比用“小时”计量时间的人拥有更多时间。

时间与学习反比定律：在很短的时间里，人们能学到许多东西；在稍长一点的时间里，人们能学到一些东西；而在较长时间里，人们无所事事，只能学到一点东西。

时间不停留定律：夜幕降临的时候，没人能把最后一缕阳光留住。

时间之颂：时间是所有成就的土壤，时间让空想者痛苦，让创造者幸福。在所有的评判者中，时间是最伟大、最公正、最睿智的那一个。

时间正反作用定律：时间可能是技术精湛的治疗师，也可能是掩盖缺陷的美容师。

时间最难划分定律：世间万事万物中，时间是最难划清界限的。过去已然消逝，将来还未到来，而当我们试图划分现在时，它瞬间成了过去，像闪电一般，仅仅存在于一刹那。

拉布吕耶尔时间定律：法国作家让·德·拉布吕耶尔指出，不善于利用时间的人总是抱怨没有时间，因为他们将时间利用在了吃穿住行和闲聊上面，总想着坐享其成，懒得思考与行动。

时间与公司定律：谈到时间对公司的影响时，巴菲特指出，时间是好公司的朋友，是坏公司的敌人；时间能让好公司更好，让坏公司倒闭。

正文与注释定律：叔本华说，人生前 40 年写的是正文，后 30 年则是不断地添加注释。

变老的好处箴言：变老的最大好处，就是年轻时垂涎而不得的东西，现在觉得不需要了。

“好时光”神话定律：美国心理学家约翰·阿特金森指出，在每个时代，永远都存在“过去的好时光”神话，而活在当时的人们，没有谁会认为那算是一段“好时光”。

时间神圣定律：美国作家威廉·巴勒斯写道，时间只有在我们度过之后，才会变得神圣起来。

莎士比亚青春箴言：青春是美好而短暂的梦，当我们醒来时，它早已化为泡影。

青春逝去定律：没有人在意青春的流逝，直到赫然发现它已经彻底逝去。

虚耗与寿命箴言：达尔文指出，思想虚耗越多，生命周期越短。

时间恼人定律：时间最恼人的地方就是人离不开它，同时总是随性滥用它，干一些稀奇古怪的荒唐事。

不要荒废时间忠告：大多数崭露头角的人都是在别人荒废的时间中努力，所以不要荒废时间。

时间偷用定律：狄更斯说，想要白天更长的时间，最好的办法就是从黑夜中偷用几个小时。

时间揭示定律：古希腊悲剧作家索福克勒斯提醒世人，注意！隐瞒是徒劳的，随着时间的流逝，一切秘密都会被揭示。

时代循环忠告：每个时代都在批判旧时代的错误，但都会产生新的错误。

空闲与繁忙定律：西塞罗说，寻找空闲的时候，往往是最忙的时候。

行动与安逸定律：歌德留下了这样的教诲——什么能让时间变短？行动。什么能让时间充足的人感到煎熬？安逸。

屠格涅夫时间箴言：没有哪种不幸可以与浪费时间相比。

中年自我欺骗定律：歌德的话一定戳到了很多人的痛处——人到中年依然想要实现青年时的理想，那其实不过是在坚持欺骗自己。

青春与浮躁定律：找回青春的最佳方法就是重新浮躁起来。

富兰克林时间名言：成功与失败往往只相差一句话，那就是“我没有时间”。

年龄与脾气反比定律：很多人都是年龄越大，脾气越小。少数人则相反。

不等候不虚度定律：歌德提醒我们，今天的事在今天做好，不要等明天。一天也不要虚度，下定决心做的事情就一以贯之，锲而不舍。

时间疗伤定律：时间能治好所有创伤，因为它能让所有东西消亡。

明天与勤劳定律：“明天”是勤劳最危险最强劲的敌人，很多时候勤劳都败给了它。

工作与休息定律：只懂工作不知休息的人，就像是没有刹车的汽车，往往很危险，通常都以报废告终。

节奏与反应定律：美国哲学家亚伯拉罕·赫舍尔指出，工作节奏过快，人的反应能力会变差。

台历定律：再精美的台历一旦过了 12 月 31 日就会马上变成废纸。

手表定律：戴一只手表的人知道时间，同时戴两只手表的人永远都不敢确定时间。

瞬间与时代定律：一瞬间发生的事情，或许在整个时代都不会发生。

消耗与被消耗定律：消耗时间只是时间消耗我们的手段之一。

老者忠告：对于狂妄自大的年轻人，老人家的最好回答是，你从来没有像我这样老过，我却像你那样年轻过。

窍门与行动定律：所谓衰老，就是知道了更多击球窍门，却挥不动球杆了。

生日蜡烛定律：当你过生日时要买一大把蜡烛时，你就应该明白自己真的老了。

中年衰退定律：几乎所有人到了中年之后，都能够感受到身体和精神上不可避免的衰退。

青蛙与蝌蚪定律：青蛙总是忘记自己曾经是蝌蚪。

青春债券定律：放荡不羁是年轻时发行的债券，到了晚年就该偿付了，还要加上几十年的利息。

知识创造时间定律：花更多时间去学习吧，你一定会发现，知识是最好的肥料，可以让知识之树硕果累累。

计划省时定律：不做计划的人，永远要比事先做好计划的人浪费更多时间。

拒绝省时定律：不要把时间浪费在应酬上，要学会拒绝，敢于拒绝，唯唯诺诺的"好好先生"只会浪费时间，一事无成。

巅峰时间定律：巅峰时间是指工作效率最高的时间段，一旦找到自己的"巅峰时间"，就应该充分利用好，把最重要的工作安排在这个时段。

传统定律：所谓传统，就是一些解决问题的方法，而这些问题早已过时。

成熟与衰退定律：麦当劳创始人雷·克洛克认为，一种产品或一家企业，如果还没有成熟，就还有成长空间。而一旦成熟了，就如逆水行舟，不努力就会衰退。

时间生产力第一定律：一个人只有清楚自己需要做什么，才能让他的时间最具生产力。

时间生产力第二定律：我们应该用最多的时间做回报最高的事情。但是，不要忘了，满足感和快乐也是一种回报，它们能让工作更有趣，时间生产力自然会更高。

亲力亲为定律：凡事亲力亲为，反而会浪费时间。

处理事情时序定律：最先处理又紧急又重要的，接着处理重要但不紧急的，然后是紧急但不重要的，最后才是既不重要也不紧急的。

管理者浪费时间定律：如果管理者改变决策，员工就要耗费大量的时间去修改甚至放弃已经完成的工作，大量时间付之东流。因此，管理者的时间浪费是更大的浪费，应尽量避免。

时间投资定律：在必要的工作上投入时间，反而可以赢得更多时间。

工具省时定律：花时间选择合适的工具，不是浪费时间，而是节省时间。

健康省时定律：身体是工作的本钱，有健康的身体才能不受疾病干扰、健康长寿，提高利用时间的效率。

好习惯省时定律：敢于改掉坏习惯，培养好习惯，能节省更多时间。

第二章

生活篇

一、运动墨菲定律

足球比赛墨菲定律：你看的那场比赛，常常是进球最少，或者零比零结束的一场比赛。

足球比赛憋尿定律：当你憋着不上厕所的几十分钟里，足球场上比赛表现平平；等你终于憋不住去厕所的几分钟，就进球了！

足球比赛后悔定律：如果你在看足球比赛时睡着了，会后悔；如果没有睡着，可能会更后悔。

评论员预测第一定律：足球评论员喜欢预测某支足球队的输赢，而且喜欢用“可能”“大概”“应该”这样的含糊词语。

评论员预测第二定律：如果足球评论员预测对了，那么他们会说自己经常预测对；如果预测错了，他们会详细地讲解自己预测对的那一场。

不聊足球定律：当你喜欢的足球队赢了，你会发现自己的身边到处都是这支球队的球迷，根本没人在意你；而当那支球队输了，你会发现身边都是对手的球迷，自己特别扎眼。所以，尽量不聊足球。

评论员预测第三定律：不管评论员预测得多么离谱，他们都会在下一场坚持做自己。

赛后新闻发布会定律：每场赛后新闻发布会上，获胜方的主教练都会表现得更加幽默。

自由球员墨菲定律：自由球员是指没有合约在身或合约已满的球员，他们可以和任何一支愿意提供有效合约的球队签约，然后为其效力。不过，有人总结道，自由球员的合同金额越高，那么他在下个赛季对球队的贡献就越小。

球员转会墨菲定律：一旦一位超级球星转入你喜欢的球队，他的球技就会大打折扣。而如果是一个默默无闻的普通球员转入进来，他很可能会超常发挥，大放异彩。

跑步的 10% 定律：现在很多人热衷跑步，但在追求更快更长的过程中，有时会受伤。避免伤痛的最好方法，就是这周增加的跑步里程，不多于上周跑步里程的 10%。这样，可以使肌肉和关节有足够的时间来适应增加的运动量，从而避免伤痛。

上山跑步定律： 山地跑步可以锻炼腿部力量与肺部功能，还能提高跑步效率。这样，在以后的长跑项目和比赛中，力量发挥将更加持久。

克拉克魔咒： 罗恩·克拉克被誉为澳大利亚最杰出的中长跑运动员，他曾经先后 17 次在 5000 米、10000 米等长跑项目中创造世界纪录。但是，在 1956 年到 1964 年的三届奥运会中，他一枚金牌都没拿到，仅获得了一枚铜牌。因此，有人称他为“最伟大的失败者”。其实，在每届奥运会中，都有 1/3 以上公认的实力最强的运动员没有获得冠军。这个现象被称为“克拉克魔咒”。

教练墨菲定律： 教练必须很聪明，非常熟悉比赛的规则，但同时又必须很死心眼，认定规则才是最重要的。

一个和四个定律： 如果田径队想赢得跳高比赛，那么一定要找一个可以跳两米以上的选手，而不是找四个可以跳半米高的人。

投球墨菲定律： 只要你不投球，对手就一定打不中。

理论、训练和比赛定律： 理论上行得通的，训练中可能行不通；训练中行得通的，比赛时可能行不通。

热门比赛定律：期待值越高的比赛，可能越没看头。

赢与输定律：赢了的比赛可以被当作经典案例，输了的比赛当然也可以被写进教材，不过是反面教材。

运动员广告定律：在拍摄完某个品牌的广告后，明星运动员经常会在国际重大赛事中表现欠佳。

篮球砸头定律：当你路过篮球场时，越是躲着，越是可能会被篮球砸到头。

黑哨现象定律：在体育比赛中，裁判因为收受贿赂或心存偏见，会偏向其中一方，而当球迷发现时，结果基本已经成为既定事实。

奥运会主办国墨菲定律：奥运会主办国大多遭遇过这样的窘况——至少一名万众期待的运动员莫名失利，黯然退场，留下无限遗憾。

男运动员镜头定律：直播体育比赛，尤其是足球比赛，一旦镜头给某位男运动员特写，他就很可能是在吐痰、挖鼻孔或者抓痒。

乔丹宣言：所有的记录都算不了什么，每条记录都会被后人超越。

设定恢复阶段定律：如果不对自己狠一点，那么提高跑速与增加里程就成了空谈。但是，如果你不适当休息，那么伤病与疲惫就会袭来。因此，大强度的训练或者长跑之后，不如给自己放几天假。每隔几周选一周，把跑步里程缩短 20%。这些恢复阶段能够帮受损的肌肉快速康复，在快节奏长跑中更有耐力。

交叉锻炼定律：长跑时，肌肉、关节和结缔组织都会吸收大量的冲击力。交叉锻炼可以让身体得到休息，保持心血管健康。游泳、骑车或划船可以提升肺活量，而瑜伽和力量训练能帮你恢复得更快，让肌肉得到锻炼。

赛前放松定律：比赛前，把训练量减少 25% ～ 50%，运动员的心肺功能并不会因此而变弱。相反，他们的肌肉会变得更强健。

锻炼与自虐定律：每天自虐五分钟可以叫锻炼，每天锻炼五小时那就叫自虐。

叔本华运动理论：生命过程本身依赖于身体各器官的持续运转，运转的结果不仅影响着相关的身体部位，也影响着器官本身。没有适度的日常运动，就不可能有健康的器官。

步行与健康定律：轻快的步行虽然不剧烈，但就像其他很多运动一样，是治疗紧张情绪的一剂“良药”，而且能够改善人的整体身体状况。

退潮定律：退潮之后，大家才能看清谁在光着身子游泳。

借力潮汐定律：想要在海里游得快，那就借助潮汐的力量吧！

游泳风险定理：游泳是大家都十分熟悉的运动，仰泳、蝶泳、自由泳……喜欢游泳的人难以计数，每年夏天，游泳的人遍布江河湖海。当然，溺水事故也时有耳闻。所以，想游泳就要敢于冒相应的风险。

世界杯足球赛的欧洲魔咒：世界杯足球赛自举办以来，除了1958年，巴西队击败了东道主瑞典队夺冠之外，还没有一支非欧洲球队在欧洲获得过世界杯。

目标定律：在运动之前，给自己制订一个目标吧！这个目标可以是“穿上小一号的衣服”，或者“两年后参加马拉松”“掌握一项新运动”……有了目标，才有动力。

健身伙伴忠告：健身的时候应该找个伴，因为与别人一起健身，会比孤家寡人更努力。如果一个朋友不够，就找上两三个。一起健身的朋友越多，自觉性就越高，乐趣就越多。

健康教练经验谈：当你想偷懒时，记得跟自己说，再有几秒钟就可以了！再努力一次，这些都是值得的，我会变得更健康更美丽！

运动快乐至上定律：快乐才是运动最主要的理由。不要计较在运动中燃烧了多少热量，锻炼了哪块肌肉，要回想一下，自己在运动中是否收获了快乐。如果你在这种运动中不快乐，那就换一种运动方式。

热身与冷却定律：充足的热身活动可以帮运动员跑得更远。而在比赛结束后，运动员需要进行冷却，让心率舒缓，恢复正常。

坚持就是健康忠告：专家提示，绝不是只有参加马拉松比赛才能增强体质。只要每周坚持锻炼 3 次，每次快走 30 分钟，就能延年益寿。

康德锻炼定律：器官得不到充分锻炼，就像器官过度紧张一样，都是对身体有害的。

餐后运动警示：餐后运动是错误的，如果不信，就是错上加错。进餐之后，大量血液集中到消化系统，帮助进行食物消化与营养吸收。如果这个时候进行运动，会促使血液流向四肢，阻碍肠胃的消化吸收。久而久之，就会引发疾病。此外，体弱者进餐后血压会降低，外出活动很容易跌倒。

运动地点选择定律：运动的基本功能就是吸入大量的新鲜氧气，以满足健康的需求。因此，运动之前一定要挑选好地点，最好是开阔平坦、空气新鲜的公园或体育馆等，应该远离工地等嘈杂、空气差的场所。否则，只会带来伤害。

运动情绪选择定律：运动不仅可以锻炼身体，还可以锻炼心理。但当你焦虑、忧郁的时候，千万不要靠运动来发泄，因为情绪会直接影响身体的生理机能，情绪的变化又源于大脑，扩散到全身，对心脏等器官造成影响。

整理活动效果：在运动之后，进行一系列放松活动和按摩拉伸等恢复手段，可以消除疲劳，恢复体能，增强锻炼效果。

运动量选择定律：很多人的运动是盲目的，从不考虑运动量，这样做不仅运动效果不佳，甚至可能得不偿失，有损健康。

赛车界墨菲定律：如果你还没有翻车，说明你开得还不够快。

托尔斯泰运动忠告：长期从事脑力劳动的人，如果不经常活动活动，那将会造成身体的痛苦。

高尔夫定律：高尔夫球是一项能让球技越差的人越乐此不疲的运动。

乐趣与失误定律：运动机能不好的人能体验到的乐趣也多，而高手却常常会因为失误而郁郁寡欢。

极限与尝试定律：如果你不曾超越自己的极限，你就永远也不知道自己未来的极限在哪里。要找到自己的终极极限，并不断冒险尝试，这才是人生的意义。

二、出行墨菲定律

闯红灯定律：闯红灯的人越多，增加的管理人员就越多。

红车定律：开红色车的，女性更多；开深红色车的，中年妇女更多。

先兆定律：大多数事故在发生之前都有先兆，在轻微事故之后，就可能会发生严重事故。

安全事故定律：安全事故随时都有可能发生。

提防对面定律：开车时一定注意对面，因为虽然你是清醒的，但是对面的司机可不一定。

天黑开灯定律：在晚上开车时，一上车就要把车内外的灯都打开。

路遇新手定律：路上遇到新手，不要按喇叭，这只会让新手更紧张，最好的办法就是远离新手。

热车第一定律：冬天不热车，打着后就直接上路的人，更可能是粗心大意、缺乏同理心的人。

热车第二定律：冬天不热车会伤车，没完没了地热车也会伤车，而且这样的人更可能是谨小慎微、缺乏担当的人。

开车不打手机定律：开车的时候千万不要打手机，因为这个时候费用最高，除了正常的通话费，还可能会有罚款、医疗费，甚至是火化费。

强光危险定律：有调查发现，晚上开车，灯光越强，危险系数越高。

实习标志定律：车上贴着实习标志的，车技不一定差；没贴实习标志的，车技不一定好。

修路定律：两地之间最便捷的路段经常在修路。等大家习惯绕远之后，它就不声不响地修好了。

爆胎与打折定律：促销轮胎打折结束之前，你的车胎一般是不会爆的。一旦你的车爆胎了，促销活动也就结束了。

及时修车定律：如果车出了故障不及时修理的话，医生可能就要“修理”你了。

换车道定律：你刚换到另一条车道，刚才纹丝不动的那条车道就开始动起来了。

节目与隧道定律：电台总是在你要进入隧道时播你感兴趣的节目，等你从隧道驶出后，节目也正好结束了。

车内气氛定律：车内坐着配偶时，气氛平淡安静；车内坐着朋友时，气氛热烈活跃。

前座危险定律：交通事故数据显示，前座是最危险的区域，但总有家长让孩子坐在前座上。

爱车与爱家定律：爱护你的车，这能让你高高兴兴地回家；爱护你的家，这能让你开开心心地开车。

不为难定律：尽量更多地了解你的车。如果你“为难”它，它也会“为难”你。

摩托车定律：摩托车驾照和拍照往往要比摩托车本身更贵。

雨刷第一定律：驾驶员一侧的雨刮总是先坏。

雨刷第二定律：雨刷擦不掉的污渍总在视线正前方。

雨刷第三定律：总是到了下雨天才发现雨刷坏了。

行车定律：路上的车大体分两类，一类是兜风的车，开车就是目的；另一类是赴约的车，开车只是手段。

漏油与换电池定律：油车总是会漏油的，电车总是会换电池的。

价值与销量反比定律：汽车的价值和销量成反比，买的人越多，汽车的价值越低。

不超警车定律：千万不要试图超越警车，而是要跟在它后面，这样不仅能让你畅通无阻，而且别人还可能会把你当成大人物。

交通事故变脸第一定律：发生交通事故后，不管是谁的责任，两辆车的司机一下车总是气冲冲一副要打架的样子。交警来后，理亏的司机才会通情达理，有理的司机则会更理直气壮。

交通事故变脸第二定律：被车撞倒后，有的人就会赖在地上卖惨，可等做了伤情鉴定，他很可能就变脸了。

疯狂与新旧定律：有的人车越破越疯狂，有的人车越新越疯狂。所以，开车疯不疯与车的新旧并没有必然联系。

交通尴尬定律：在交通拥堵的大城市，上下班高峰时间，开车不如打车快，打车的又不如坐地铁快，自己开车的更容易迟到，这是开车人最大的尴尬。

开错定律：开车的时候，一旦错过一个路口，就容易一错再错。

变灯加速警示：变灯时不要加速，这是非常鲁莽的行为。

左右不分定律：天天开车，难免会遇到几个左右不分的司机，打着右转灯却向左转。

出租车定律：空车的时候，出租车司机满世界找乘客。好不容易接上一个乘客，一路上就会看到好几个乘客朝他招手。

一路绿灯定律：有时，当你想着趁红灯看一眼手机，偏偏这时是一路绿灯。

新手第一定律：新手容易紧张，明明想踩刹车，却踩了油门，引发了很多交通事故。

新手第二定律：新手越是紧张，后面的司机越是不停地按喇叭。

修车定律：当你忙着修车手上沾满油污时，你的鼻子就开始痒了。

抄牌定律：不要选择太有规律的车牌，这更容易引起警察的注意。

一次性定律：安全气囊是一次性的，你的命也是。

警告定律：司机对“小心驾驶”的警示可能不太注意，但对“小心驾照”可能会格外注意。

夜不洗车定律：最好不要在夜里洗车，因为你看不清洗没洗干净。

堵车听歌与牢骚定律：堵车的时候听听歌，比发牢骚更容易消磨时间。

行人与左转灯定律：左转灯刚亮的时候，总会有一堆行人抢行。

超车插队定律：如果你的车和前车的距离超过了 3 米，那么肯定会有人超车插队。

挤车定律：车下的人会让车上的人再挤一挤，等他挤上车后，却会回头告诉别人不要挤。

按喇叭现象：一个人冲你按喇叭，可能是对方的问题；好几个人冲你按喇叭，就可能是你的问题。

胆大与危险定律：胆子越大，开车越危险。

上车与遗忘定律：我们总是坐上车后，才想起还有某件东西没拿。

开车扔垃圾定律：当你开得心烦气躁时，总能发现随手扔垃圾的讨厌鬼。

加油定律：当你想要加油的时候，平时空荡荡的加油站却排起队来。

车检定律：如果不及时检车，开“病”车上路，你的代价可能是去医院“检”自己。

加宽与堵车定律：路面加宽，堵车就能缓解，这样大家就会买更多的车，过段时间，又会拥堵起来。

行人闯红灯定律：在繁华的路口，每次都会有行人闯红灯的，如果超过了两个，那么很大概率有一个在打电话。

重游定律：如果没有美好的记忆，就不必故地重游。

讲解定律：如果仔细听导游的讲解，你会发现所有导游讲的都差不多。

旅行传染定律：旅行就像传染病，会在接近的人群中传播扩散。

旅行与见识定律：要想在旅游中获得见识，就必须带着见识去旅行。

最贵旅行定律：最贵的旅行，不是花钱最多的，而是见识最少的旅行。

便宜旅游定律：旅行时，看什么都便宜，只会被商家占尽便宜。

打电话与堵车定律：堵车不一定是因为事故，有时就是因为有一个司机在打电话。

翻护栏定律：在有护栏的路上开车一定要谨慎，因为最左侧的车道上，不知道什么时候会站着刚刚翻越护栏的行人。

红灯定律：如果在第一个路口遇到红灯，那么很可能就会一个红灯接着一个红灯。

等公交定律：你不坐的公交车一辆接着一辆，你要坐的公交车却迟迟不来。等你坐上出租车，它却突然出现了。

洗车定律：小鸟和虫子更喜欢往刚洗完的车上拉粑粑。

挤公交车定律：你费了吃奶的力气挤上公交车后，却发现后面来了一辆空车。

旅行之腻定律：旅行就是离开自己腻了的地方，体验别人腻了的地方。

安徒生旅行箴言：旅行是能让人的精神返老还童的灵丹妙药。

旅行与朋友定律：旅行一辈子的人，虽然能认识很多人，但交不到一个真正的朋友。

旅行的真谛：对很多人来说，旅行的真谛就是坐最挤的车，进最挤的景点。

林语堂旅行箴言：流浪式的旅行才是真正的旅行。

护照照片第一定律：大多数人的护照照片都跟本人不太像。

护照照片第二定律：如果你看起来和护照照片很像，那说明你确实需要旅行了。

旅行与谦逊定律：我们应该怀着谦逊的心旅行，如果内心充斥成见，眼睛就看不到美丽的风景。

旅行与思考定律：美国第三任总统托马斯·杰斐逊说，独自旅行有很多好处，最大的莫过于可以思考很多。

好旅伴箴言：好旅伴会让你觉得旅途更愉快，时光更短暂。

用心旅行定律：不用心旅行的人就像是一个包裹，从一个地方被送到另一个地方。

差一步定律：当你气喘吁吁跑到公交站时，你要坐的公交车前脚刚开走。

出游下雨定律：终于下定决心出去玩了，天就突然下起雨来。

钱和时间矛盾定律：有时间时没钱旅游，有钱时没时间旅游。

赶飞机规律：早早到机场，飞机可能延误；狂奔到机场，飞机可能延迟起飞。

热闹旅行定律：很多人的旅行就是跋山涉水从一个热闹的地方到另一个热闹的地方。

赶路尴尬定律：越是着急赶路，越是想要上厕所。

三、家居墨菲定律

油烟定律：做饭的时候，不管站在哪儿，油烟总会吹到脸上。

洗餐具定律：我们洗餐具时，总会漏掉个啥。

坐电梯定律：当你要坐电梯时，总是会发现它刚走。

酸橘子定律：你觉得好看的橘子往往是酸的。

电话定律：不在工位的时候，就是电话最多的时候。

塞缪尔·约翰逊定律：我非常赞同公共娱乐，因为这可以防止人们去做鸡鸣狗盗的事情。

拨错定律：拨错的电话更容易被接起。

掉落定律：掉落的东西越重，越容易砸到脚趾。

好东西墨菲定律：越是好的东西越容易坏。

照镜子定律：当你需要照卫生间的镜子时，它总是蒙了一层雾气。

袜子定律：觉得不好看的袜子，总是出现在床上；觉得好看的袜子，总是少一只。

投诉电话定律：打过一次投诉电话，你这辈子就很难忘掉。

冷食的诱惑：虽然大家都知道吃冷食容易伤肠胃，可一旦出了新产品，还是会忍不住尝尝。

沙发定律：越难看的沙发，坐上去越舒服。漂亮的沙发，不仅坐上去不舒服，还特别容易脏。

硬币定律：平时家里总会看到一些硬币，可真正要用的时候，却怎么都找不到。

掉马桶定律：越贵的东西越容易掉进马桶。

丢失定律：在邮寄或快递东西时，越贵的东西越容易丢。

更好吃定律：别人买的食物总是更好吃。

没坑位定律：越着急上厕所，越容易没坑位。

惊动猫咪定律：猫咪在你腿上睡着了，你不想惊动它，可这时却突然特别想上厕所。

浴帘定律：洗澡的时候，浴帘总会不停地粘到你身上。

杯中虫定律：如果水杯中有虫子，它总是在你喝了几口后才被发现。

泳池定律：泳池里的水总比看上去的更深。

不想接电话定律：越是不想接的电话，越可能是找你的。

厕所恍然定律：我们常常在上厕所时，恍然想起某件重要的事。

安静定律：最想要安静的时候，连最细微的噪声都很刺耳。

泡澡定律：泡进浴缸后，电话常常就会响起。

发痒定律：越是手挠不到的地方越容易痒。

手机震动错觉：我们常常觉得自己的手机在震动，可是翻出来后，会发现根本没有来电。

抢沙发定律：当你想在沙发上歇一会儿时，沙发上总是坐满了人。

睡前定律：我们总是在准备睡觉时，突然想起好多件重要的事情。

掏钥匙第一怪象：如果你身上有一把门钥匙，一把车钥匙，先掏出来的总是不想掏的那一把。

掏钥匙第二怪象：在寒冷的冬天，当你脱下一只手套掏钥匙时，会发现钥匙总在另一边的口袋里。

打电话定律：不要在打电话时和身边的人说话，那样你可能会忘了自己要说什么，或者连电话那头是谁都忘了。

弄洒魔咒：越是小心翼翼地倒东西，越容易弄洒。

煮饭定律：每次煮饭都想不多不少，但总会煮多。

打冷战定律：不管洗澡水有多热，洗完后还是会打冷战。

洗衣机定律：洗衣机只有在你想要洗衣服的时候才会坏掉。

楼梯级数定律：爬楼梯的时候，楼梯级数总比你预想的多。

闹钟定律：有时，闹钟响了，你醒不来；有时，闹钟没响，你却醒了。

发痒定律：当你双手都拿着东西时，鼻孔却开始痒了。

浴室扎脚定律：如果不小心打碎了浴室的镜子，害怕扎脚，你仔仔细细地打扫和检查了每个角落。过了段时间，确定安全了，你光着脚进去，很容易还会扎到脚。

风雨定律：刮大风时，你总会顶着风走；下大雨时，刚到家雨就停了。

同时定律：如果只有两个好看的电视节目，那么它们的播出时间总是一样的。

借钱凑整定律：我们借钱给别人的人，总喜欢将借出去的钱去掉零头，凑成整数。

有用没用定律：家里的很多东西，留着时觉得没用，想丢掉时觉得有用。

居家自信效应：大多数人在自己的家里时，言谈举止才最从容自信。

自信装不来定律：如果没有生存基础，所谓自信永远都是苍白无力的。

帕斯卡消遣定律：不管地位高低，只要会消遣，就是幸福的人。

忘带钥匙定律：当你想起来忘带钥匙的时候，门刚好关上。

扔袜子定律：当你扔掉单只袜子，失踪的另一只才会出现。

睁眼看不到定律：东西总是在最显眼的地方放着，可我们每次都要找半天。

备用纽扣定律：有备用纽扣的衬衣，往往是不容易掉扣子的。

夏天停电定律：最热的时候最容易停电。

猫粮定律：猫咪爱不爱吃食，跟猫粮的价格半毛钱关系都没有。

钝刀伤手定律：小心，再钝的刀子也能伤到你的手。

电视催眠定律：现在，看电视的一大作用是催眠，这是电视机发明者万万想不到的。

精彩与故障定律：电视节目到了最精彩的部分时，电视机或网络最容易出故障。

四、记忆墨菲定律

睡眠与记忆定律：睡个好觉可以让你精神抖擞，也可以增强你的记忆力。

私人文学定律：英国作家赫克斯科说，每个人的记忆都是属于自己的私人文学，只要回忆往事就能写出一本书，而且人人都有各自的精彩之处。

记忆与智慧定律：记忆力并不是一种智慧，但如果没有记忆力，智慧也就无以依存。

记忆消失定律：当你在这个房间里整理东西，忽然想起要到另一个房间找样东西，但当你踏入那个房间，就会发现自己已经忘了要找什么。

回头看定律：无论何时都不要忘记“回头看”，多记住一次回头看，就会少一次尴尬，比如连着好几次忘记将车停在哪儿了。

运动与记忆定律：美国哥伦比亚大学的研究结果显示，总不爱运动的人，记忆力会逐步下降。大脑内部有一种神经细胞，与防止记忆衰退密切相关，而运动能促进这种细胞的生长。

冥想与记忆定律：有心理学家发现，每天只要冥想 10 分钟，就可以有效增强记忆力。

记什么定律：爱因斯坦有这样一句关于记忆的至理名言——不要去记那些印在书本上的东西，书本上没有的东西才值得记。

记忆补偿死亡定律：苏联著名作家特里丰诺夫这样写道，生命是一个人最宝贵的东西，死神剥夺了它。如果我们能记住故去的人，也算是大自然给予我们对死亡的补偿吧。

记忆神奇定律：著名作家茨威格说，记忆很神奇，既有好的一面，也有坏的一面，固执起来如同野马难驯，简单起来又显得真切可靠。我们的记忆常将重要的人物和事件弃如敝履，只有意识的呼唤才能让它们重现。

语言学习与记忆定律：语言学家与医学家的合作研究发现，

学习一门新的语言虽然依靠记忆力，但同时也可以增强记忆力。

结论与方法定律：美国广告业奇才艾尔伯特·拉斯克尔忠告世人，大家不应该去记结论，而应该记方法。方法是有活性的，可以在很多场合使用，但结论就像瓷瓶，只能在某种特定环境中陈设。

考试墨菲定律：刚刚走出考场，你就会一下子想起试题的正确答案。

理解与记忆定律：伟大的哲学家斯宾诺莎指出，越容易理解的，越容易记住；越难以理解的，越容易遗忘。

新词记忆定律：有时，我们偶然间听到了一个新词，它就会像回声一样在我们的脑海中回荡。

阅读时间定律：读一页书的时间越长，看不懂的字词就越多。

记忆矛盾定律：法国大文豪蒙田说，记忆中最清晰的部分，往往是一心想要忘记的部分。

推论：不想忘记的总是眨眼就忘。

莎士比亚记忆箴言：勿用过往之哀伤，束缚今日之记忆。

巴尔扎克遗忘忠告：遗忘是强者的法宝，他们会顺其自然，忘掉不愉快。而弱者不能从痛苦的记忆中吸取教训，而是沉迷其中，自怨自艾，折磨自己，乞求怜悯。

睡前记忆定律：当我们正要进入梦乡时，常常会突然想起十件需要牢记的重要事情。

不记仇忠告：不记仇是最高贵的健忘。

名字定律：我们常常费尽全力记住了对方的相貌，却总是记不住对方的名字。

糟糕记忆定律：最糟糕的记忆就是只记得过去，却记不住现在。

记忆看门人定律：记忆是知识库的唯一看门人，想要获取知识必须经过他的同意，不过他有时会离岗。

纸牌记忆训练：在玩纸牌游戏的时候，努力尝试记住桌面上的牌，慢慢地，不仅会成为打牌高手，还能增强记忆力。

记忆力锻炼定律：锻炼注意力是增强记忆力的有效方法之一。

尼采记忆格言：记忆力差有一大好处——对美好的事物，每次遇见都是初遇，每次遇见都是享受。

谐音记忆定律：美国心理学家，世界著名记忆力训练权威哈里·洛拉尼指出，每种语言中都有谐音词汇，人们可以巧妙地利用它们，来记住一些不常用的词语或短语。

记忆与本能定律：英国大文豪狄更斯指出，即便是最迟钝或最幼稚的心灵，也会保持一连串的回忆，它们与艺术或技术无关，而是与最深刻的人性本能共存。不必刻意去寻找，它们偶尔会自己浮现出来。

记忆之问：世界记忆锦标赛发起者托尼·布赞提醒大家思考，我们花费大量时间在学校里、在家里学习，然而我们都不曾问过自己，我们花了多长时间学习并练习记忆？

兴趣定律：自己不感兴趣的事情，几乎没人会记住。因此，想要人记住什么，就必须让人对什么感兴趣。

记忆病毒定律：错误的记忆就像大脑里的病毒，不知道什么时候就发作了。

记忆钱包定律：古罗马谚语说得好，记忆就像钱包，拼命往里塞反而会漏得一点不剩。

回忆有风险定律：回忆有风险，正如英国作家康拉德所说，采摘记忆的果实时，可能损伤它美丽表皮。

原谅与忘记定律：原谅容易，忘记却十分困难。

记得快忘得也快定律：临阵磨枪记住的东西，扭头就会忘光。

记忆倒影定律：著名作家茨威格诗意地描绘道，越想努力保存的回忆，越会狡猾地溜走。它们仿佛是我们脑海最深处若隐若现的月亮倒影，无法捞起，无法抓住。

亚里士多德记忆哲学：时间是记忆最大的破坏者，有时甚至会让记忆彻底消失。

思考与记忆定律：中世纪经院哲学家阿奎纳指出，经常思考我们想要记住的东西，就会自然而然地记住它们。

记忆筛子定律：我们的大脑里仿佛有一个筛子，尽量将不想记住的“垃圾”筛出去，将想记住的“金沙”留下来。

记忆低估定律：很少有人认真测试过自己的记忆力，正因如此，很多人低估了自己的记忆力潜能。

记忆与信心定律：“记不住”只是自欺欺人的借口，相信自己，只要有信心，就能记住想记的。

魔音定律：大脑中挥之不去的曲调，正是你早已厌烦的曲调。

7 小时定律：心理学家奥莫尔做过这样的实验，请受试者记住一些信息，然后睡上 7 小时，醒来后，其记忆依然会保持不变。但在清醒 7 小时之后，之前记住的信息已经忘了一半。

记忆价值定律：古罗马著名政治家、哲学家、演说家和法学家西塞罗提醒我们，记忆既是思想的宝藏也是思想的卫士。

记忆消失定律：记忆会消失在嘴边。“就在嘴边上了！”有多少次，我们都这样说，但又不得不承认“就是想不起来了”。

记忆与兴趣定律：厌烦数字的人，如果喜欢上打牌，很快就会学会算牌和记牌。总说记不住人名的人，往往对明星的名字如数家珍。很多记不住英文单词的学生，可以流利地唱英文流行歌曲。所以，记忆的关键在于兴趣。

有意识记忆定律：著名心理学家弗洛伊德指出，想要记住一件事情，一定要用心。简单的数据，如果不用心，也记不住；相反，复杂的数据，只要有意识地去记忆，就能记得住。有意识的记忆能够保持得更持久。初次见面者的名字、服饰和电话号码等，通常来说人们很少会有意识地去记忆，所以就算当时记住了，过不了几天也会忘掉。

高木重朗记忆第一定律：日本心理学家高木重朗认为，记忆力并不是什么才能，也不是天生的，而是通过后天努力才能获得的。

高木重朗记忆第二定律：想要记住什么就必须付出某些代价，这些牺牲有可能是时间，有可能是金钱，有可能是社交。

知识量与记忆力定律：知识量与记忆力是正相关的，知识渊博的人一定有出色的记忆力。

重复与记忆定律：不断重复是最有效的记忆法，持久的记忆就是记忆之碑上反复镌刻的铭文。

记忆自我参照第一定律：我们在学习新东西的时候，经常会将它们与自我联系起来。如果关系密切，学起来就更有动力，也不容易遗忘。

记忆自我参照第二定律：当人们回忆与自己有关的事情时，最细致也最清晰。

记忆的场合依存定律：环境对记忆存在影响，同一份资料，分别在陌生和熟悉的环境下进行测验，后者的结果往往要好过前者。

记忆与休息定律：记忆是项艰苦的劳动，要适当留出时间休息，好比是给记忆加润滑油，帮你储存更多信息。

回忆与地点定律：很多时候，我们回忆不起来的事情，只要回到这件事情发生的地点，那些遗忘的记忆就会澎湃涌现。

完与未完定律：苏联心理学家布卢玛·蔡格尼克发现，人们对尚未处理完的事情的印象，往往比已经处理完的事情更深刻。

最佳记忆效果定律：我们在背学习资料的时候，常常背到刚刚可以回忆出来，就认为自己已经记住了，于是便去学别的了。其实，用不了多久，刚刚记住的内容就忘记。其实，遗忘是不可避免的，所以需要不断复习。复习到什么程度才不会忘记呢？心理学家发现，通常情况下，如果你学了10遍就记住了，那么再复习5遍就可以了。也就是说，多学50%的程度，记忆效果最佳。

记忆定格定律：有些东西长时间不用，遗忘是难免的。但有些事情，我们一辈子都不会忘记。它们发生时的场景，我们能记得一清二楚，甚至当时的情绪，现在回想起来都能感受到。它们就像是永久定格的照片一样，长久而鲜活地保存在我们的脑海里。通常来讲，这些记忆都与特殊事件有关，比如对国家或家庭有巨大影响的事件。

前瞻性记忆：作为社会性动物，人类具备前瞻性记忆，就是能记住将要做什么事情，比如在什么时间要给谁打电话、几点吃药、几点开会、几点考试等。

前瞻性记忆法则：

1. 前瞻性记忆好的人，回忆性记忆不一定好；回忆性记忆好的人，前瞻性记忆不一定好。

2. 并不是离现在越远的事情越容易忘记。事实上，反而是那些马上就需要做的事情更容易忘记，这常常是因为我们正好专注于其他事情。

记忆延迟现象：学习完某种材料之后，延迟一阵而不是马上回忆，回忆的内容更加全面。通常来说，记忆的内容会随着时间的推移而逐渐衰减，但有时候刚刚学完的东西想不起来，经过一段时间之后就能想起来了。

记忆消化定律：记忆好比身体的营养，应该留出一段时间消化，这样可以减少重复的苦差事。

记忆成长定律：记忆可以成长，必须有足够的时间，就像种子种在地里后，农夫不会着急去看它有没有发芽，聪明的农夫熟悉作物的生长周期，会过一段时间再回来。我们对于记忆，也应如此。

记忆小窍门：如果要记住一张清单或者一堆人名，第一遍正着背，第二遍要记得倒过来背。

长期与工作记忆定律：长期记忆就像是一片大陆，拥有丰富的资源和巨大的储存空间，它的面积永远都不会缩小。相比之下，工作记忆就像汪洋大海中的小岛，船只来来往往，只是暂时停靠。

越忘越新定律：你越想忘记的一些事情，它们越是清晰，仿佛被反复擦拭。

书写遗忘定律：提笔忘字，人之常情。

下午茶记忆效应：有些心理学家的实验证明，下午茶可以增强人的记忆力与应变能力。在记忆力与应变能力上，喝下午茶的人要比其他人高出 15% ~20%。

脸盲难题：脸盲症有两种症状，一是患者看不清别人的脸，二是患者对别人的脸型失去辨认能力。目前，脸盲症还是医学难题，没有有效的治疗方法。

男女记忆衰退差别定律：记忆衰退男女有别，男性比女性更容易出现记忆障碍或痴呆症前兆。

潜隐记忆障碍定律：有时，有些人会把别人的经历或者自己的所见所闻错误地记忆成自己的亲身经历。

多感官记忆增强定律：一件事情刺激的感官越多，大脑启动的部分就越多，记忆的效果就越好。

过目不忘障碍定律：有些人能"过目不忘"，突然之间，平时想不起来的往事细节都涌现出来，细小的创伤也记忆犹新，这其实是一种记忆障碍。

顺行性遗忘症：患有这种记忆障碍的人无法回忆患病后一段时间内经历的事情，学习记忆新知识的能力开始下降，无法记住新信息，对自己刚刚说过的话、刚刚经历过的事情会转身就忘，也不能接受新鲜事物。

记忆错构定律：我们在回忆亲身经历时，特别是对时间，容易出现错误或混淆。

记忆储存定律：有心理学家估计，人的一生中，大脑能够储存的信息总量是全世界所有印刷品总量的 5 倍，或者说是美国国会图书馆所有藏书量的 5 万倍，也算是超大“存储器”了。

大脑超能定律：记忆是大脑的功能之一，它只有两个拳头大小，但很厉害，只要一个念头一闪，马上就能聚集数百万条信息。

重复物极必反定律：重复毫无疑问是增强记忆的重要方法，但是物极必反，重复太多次，反而会阻碍记忆。

第三章

社交篇

一、社交力墨菲定律

人错污己定律：总是盯着别人的过错，就总是在污染自己。

任性定律：对于任性的人，除了赞美和示好，只有默默远离。

战胜对手定律：如果自己没本事，胆子再大也战胜不了对手。

刺猬理论：刺猬抱团取暖时也要保持一定的距离，避免刺伤对方。

慈悲定律：在这个世界上，慈悲是一个人最好的武器。

长久定律：认识得越久，越要恭敬有礼，这样才能友谊长久。

利维第一定律：无论多了不起的天才，都会败给吹毛求疵的人。

墨菲处事定律：如果你借给朋友钱救急，下次他一定第一个找你继续救急。

墨菲压力定律：在压力下，好事会变坏，坏事会变更坏。

结局不变定律：无论是满怀期待，还是不抱希望，都可能对结局毫无影响。

错多次定律：只有错了多次之后，可能才会发现自己错了。

巴尔德里奇定律：一个人要是清楚自己痴迷什么，就什么都不会痴迷了。

成事原则：如果必须先摆平全部的不同意见，再去做一件事，那将一事无成。

推论：想要做成一件事，就得允许不同意见的存在。

便宜与倒霉定律：不管什么事情失败了，都会有一些捡便宜的人，同时也有一些无辜的倒霉蛋。

洛克菲勒法则：自己不想做的事情，尽量都不要做。

经验定律：经验是一种在需要时才发现没有的东西。

推论：当你不需要经验的时候，总会有各种人向你传授经验。

索德第一定律：我们打算做的事情，总会遭遇一些干扰因素。不过，这些干扰因素本身也会受到不同程度的干扰。因此，最终有些事情还是做成了。

完美僵化定律：完美主义者一定有不完美之处，因为他们都缺少灵活性。

相互欣赏定律：不会欣赏别人的人，也不会被别人欣赏。

罗斯金忠告：尽力助人，就是尽力助自己。

孤独与交往定律：孤独不可怕，可怕的是不得不与厌恶的人交往。

社交撞车定律：如果好几个月里只有三次你感兴趣的社交活动，那么它们往往会在时间上撞车。

探病定律：探望生病的同事，会很自然地与他握手，不过，回家之后要认真洗手。

自我排斥定律：怀疑别人排斥自己，其实往往是自己在排斥自己。

相遇定理：如果你自己开着轿车，就不要特意停下来与骑自行车的同事打招呼。

珍惜朋友定律：一个人如果抛弃了他最忠诚的朋友，就好比抛弃了最为宝贵的生命。

睁眼理论：双目圆睁并不等于正视现实。

守财奴定理：一个人如果在年轻时就很自私，只会变得越来越吝啬，最终变成一个无可救药的老守财奴。

糠与宴定理：宁可跟好人一起吃糠，也不跟坏人一起吃宴。

人际关系定律：对于人际关系，猜疑是最厉害的病毒，而真诚则是最有效的解药。

别人不傻定律：永远都不要认为，别人都比你傻。

友谊裂痕忠告：破裂的友谊可能会恢复，但裂痕永远不会消失。

邪恶地主定律：世界上总有这样一种坏人，希望别人在耕耘时强壮，在收获时猝死。

盯短处定理：不善于交际的人总是盯着别人的短处，而且以偏概全。

人生选路定理：虽然人生可选择的路有很多，但是不能同时走两条路。

复杂辛苦定律：你的辛苦源于想得复杂。

蒙眼法则：蒙住自己的眼睛，世界并不会因此昏暗；蒙住别人的眼睛，并不会让自己看到更多光明。

交友图利定律：凡是因为有利可图而与你交朋友的人，最后都会因为无利可图而离去。

隐忍定律：隐忍是包括修整、反省、待机、决策、调适和超脱在内的一系列过程，而非一味地忍耐，那只会让人格的力量逐渐萎靡。

自在定律：什么会让你感到不自在，就去摆脱它吧！

觉知纯正法则：我们要尽一切努力消除负能量情绪，否则它们就会扩大、固化。

求人定律：别人求你帮忙，你伸出援手；当你求人帮忙，他就很难回绝。

肯尼迪忠告：猜疑会引发猜疑，信任会激发信任。

异类定律：有时候，被别人当作异类反而是好事，你的意见可能更会被重视。

疏远定律：如果你一事无成，朋友会因此疏远你；如果你成就斐然，朋友也会因此疏远你。

不可替代定律：就算出发点是好的，你也不能代替别人做出决定。

得罪定律：得罪了小人，会惹上麻烦；得罪了君子，会证明你可能是个小人。

忌妒定律：人们忌妒的往往并不是陌生人的飞黄腾达，而是身边人的一点进步。

人生悲剧定律：人生悲剧最容易出现在两种人身上，一是万念俱灰的人，二是踌躇满志的人。

反目成仇定律：如果没有任何利益冲突，人们可以轻松地称兄道弟；一旦有了利益冲突，就会马上反目成仇。

借口定律：别等到交不了差再找借口，现在就找好借口，虽然最后会被识破。

炫耀定律：戴金表的人喜欢拍大腿，镶金牙的人喜欢咧大嘴。

仙人掌定律：据说仙人掌是被赶到沙漠中去的，就是因为它浑身上下都是刺。

错误定律：一起做事的时候，如果你认为别人做得都不对，那十之八九是你自己错了。

需求矛盾定律：你最需要的东西，常常分到的最少；你最不需要的东西，常常分到的最多。

摆阔定律：越贫穷的人越喜欢研究富人是怎么摆阔的，也越喜欢摆阔。

要求定律：越是嘴上说“随便”与“无所谓”的人，要求越苛刻。

加布里埃定律：最不想要见到的人，常常在你眼前晃。

吃亏定律：只要你认为自己并没有吃亏，那么对手就一定没占到什么便宜。

对手定律：对手太傻并不是什么好事，因为那证明你大概和他半斤八两。

忌讳定律：知道别人忌讳什么，比知道别人喜欢什么更加重要。

弗里德曼定律：需求相同的人会互相吸引。

动力定律：动力通常有两种起源——希望或者绝望。

原则定律：如果一个人主动告诉你：“这是原则问题，不是钱的问题”，那么基本上就是钱的问题。

葬礼定律：最想要参加你葬礼的人，一定是最恨你的人；最不想要参加你葬礼的人，一定是借钱给你的人。

伪君子法则：一个一味地宣扬价值观与做人标准的人，可能是个伪君子。

原一平忠告：一个人在陷入困境时，如果只从消极方面去思考，情况就会变得越来越糟，最终陷入万劫不复之中。

卢梭箴言：毫无疑问，人应该遵从规则。但最重要的是，人能够在必要的时候修订规则。

焦虑效应：多去做让自己担忧的事情，你就会发现自己的焦虑感会慢慢消失。

斯金纳警告：某些社会行为如果受到了过分压制，反而会被强化。事实已经证明，美国的禁酒令并不能控制酒的销量。

心理平衡效应：人生在世，不如意事十之八九，如果不能够泰然处之，就很容易导致心理上的不平衡，引起身体与精神的疾病。

逆反效应：具有逆反性格的人应该明白，叛逆能带来一时的快乐，但结局仍是痛苦。

糖果效应：如果一个人的每个小进步，都能得到及时的奖励，品尝到成功的滋味，那么他将获得更大的成功。

增减效应：善于处理人际关系，能让原本就喜欢你的人更加喜欢你；否则，只会让原本就讨厌你的人更加讨厌你。

罗兰忠告：不要自认为世界那么大，就肆无忌惮地得罪人，以为永远不可能再见面。因为一旦这么做，你就会发现，人们总是在那几条路上挤来挤去，冤家尤其路窄。

两两效应：互不相让，两败俱伤；心平气和，两全其美。

以己度人定律：总是以己度人，不仅无法真正地了解别人，更无法真正地了解自己。

门槛渐高效应：如果想要别人接受一个很高的要求，最好先从让他接受一个较低要求开始。

葛拉西安定律：不要在每个人面前都显露你的才能，因为你不一定每次都能收获赞赏和崇拜的目光，有时甚至会收获嫉妒和鄙视的目光。

司汤达忠告：求上进的人最好是把自己的弱点藏起来，否则必然会失败。

培根礼物忠告：不是真正的朋友，再贵重的礼物也敲不开他的心门。真正的朋友不会在乎你的礼物。

检验友情定律：当贫穷之神来敲门时，虚假的友情就会越窗而逃。

拉罗什富科忠告：意志力薄弱的人通常都不够真诚，意志力坚定的人通常都重情重义。

标准定律：只要活在世上，人就会不自觉地用自己的认知与标准去衡量他人。

交朋友定律：老鼠去跟猫交朋友，最好知道附近哪有洞口。

见与不见定律：人们总是会被看得见的表象迷惑，被看不见的清规戒律束缚。

成长定律：不管你走出了多远，如果走错一步，就必须返回来重走，有时甚至连重走的机会都没有。

吃苦定律：年轻不苦，老来苦。30 岁之前没有吃苦，那么 30 岁以后可能会加倍吃苦。

勇敢定律：勇敢往往出现在对危险一无所知的阶段。

窥探定律：跟随者总在窥探领先者的秘密，领先者越是不想让他知道，他就越想知道。

智者定律：智者从来不把事情做绝，也不会炫耀自己的成功，更不会在同一个地方跌倒两次。

还债定律：世界是公平的，欠的迟早要还。

偶然定律：影响人一生的关键事情，总是在偶然间发生。

学问定律：学问总是会被不掌握的人当垃圾扔掉。

格林斯潘交际名言：如果你自认为已经完全理解了别人的意思，那么你很可能误解了别人的意思。

暗礁与灯塔定律：如果没有暗礁，哪个水手会感谢灯塔呢？

背叛定律：被背叛一次，是对方的错。如果被背叛了两次，那基本就是你的错。

保命定理：第一，提防好脾气的人发脾气；第二，不要去和已然一无所有的人竞争。

疲劳定律：对于看不惯的人，疲劳的一定不只是眼睛。

纯粹定律：不贪心的人会活得很纯粹，很少被别人利用。

肯尼迪天然动物园告示：凡是投喂鳄鱼者，都必须自己捡回。

雪花定律：没有一片雪花觉得自己应该为雪崩负责。

陷阱定律：给别人挖陷阱，掉下去的往往是自己。

窗户定律：如果自己家的窗户是玻璃的，那么请不要往邻居家扔石头。

歌德成就名言：最伟大的天才如果孤军奋战，一定不会取得什么大成就。

富兰克林谈知足：对于永远都不知足的人来说，没有一把椅子适合他的屁股。

托尔斯泰分数理论：一个人就如同一个分数，他的实际才能就是分子，而他的自我评估是分母。分母越大，分数值就越小。

歌德谈人生：想要游戏人生，往往一事无成；不能主宰自己，永远是一个奴隶。

利希滕贝格定律：在螃蟹看来，前后行走的人类又怪又蠢。

朋友与敌人定律：伪装的“朋友”比公开的敌人危险得多。

王尔德社交法则：身陷社交圈是一种烦恼，脱离社交圈是一种悲哀。

阿尔巴尼亚格言：狐狸会讲很多故事，但全都是关于偷鸡的。

推论：人们总是对自己感兴趣的话题不厌其烦。

孟德斯鸠语录：衡量一个人的真正品格，是看他在知道没有人会发觉的时候做什么。

雕塑定律：我们必须接受这个事实——有时我们以为自己是在雕塑上肆无忌惮排泄的鸽子，而大部分时候，我们都是那无可奈何的雕塑。

报复定律：狗咬了你，你还会咬狗吗？所以，没必要睚眦必报，因为这会耗费大量时间和精力，是没必要和不值得的。

莫泊桑讽刺：在盲人国，独眼龙就可能当国王。

为人处世法则：满腹经纶的人不会为人处世，就像是有钱不会花。

莫利定律：人生就像是一块新大陆，每个人都说不准那里有什么。

推论：

1. 别以为自己能准确预测和正确判断所有事，这是白日做梦。

2. 别以为自己很了解一个人，不要轻易给别人贴上“好人”或“坏人”的标签，那意味着你正在犯错。

3. 人生会有很多得意和失意，谁也说不准下一步是好是坏，但是这些并不妨碍你努力奔赴美好的未来。

批评定律：如果你对了，就用不着批评别人；如果你错了，就没有资格去批评别人。

没用定律：衡量一个人品质的公正标准，就是要看他怎么对待那些对他“没用”的人。

快跑定律：让别人快跑可以采用两种方法，一是让他有追的目标；二是让他被别人追。

给别人忠告法则：忠告就像是一道菜，在给别人吃之前，一定要自己先尝尝。

听不到定律：心里装满了自己的想法的人，永远都听不到别人的心声。

知己定律：真正的知己看上去可能很冷漠，因为他们希望从最理性和客观的角度给你意见。一味附和你的人，并不一定是知己。

摘果子与捡果子定律：摘果子的人往往要爬高，而捡果子的人却只需弯下腰。

葬礼定律：人生的一大遗憾就是永远都不可能知道谁会出席自己的葬礼。

得失定律：不要斤斤计较得失，那是保险公司与竞争对手要做的事情。

奥里亚娜定律：遭遇挫折的人头脑反而会变得更清醒，因为梦想常常让人飘飘然。

萨迪敌人定律：除恶务尽，否则就是与自己为敌。

席勒定律：朋友是宝贵的，但敌人可能也是有用的。朋友帮你出谋划策，敌人帮你积累实战经验。

裴多菲定律：人在哪儿都有对手，而且最厉害的对手往往就在你身边。

普拉图斯定律：助纣为虐与亲手施暴没有差别。

富兰克林待人名言：无论是奴隶还是国王，都不能怠慢，因为即便是小蜜蜂也有毒刺。

尼采处世哲学：不想在人群中被渴死，就应该学会用一切工具喝水；想要在人群中保持清洁，就要学会用脏水洗澡。

特拉普定律：没有验证就不要信任，没有探路就不要迈步。

乔叟处世名言：过从太密，反损形象。

吉姆梅尔定律：最高明的处世法则不是妥协，而是适应。

爱默生观察：鞋匠能够做出好鞋子，主要是因为他专注此技。

泰戈尔忠告：人们永远在犯错误、受挫折、伤脑筋，但绝不应因此而裹足不前。应该完成的任务，应该尽力去完成。社会发展，如大河奔流，永不停滞，激越勇进，才能保持洁净。河堤偶尔会被冲垮，短时间会洪水泛滥，但不能因此就想方设法堵死激流，那只会导致社会变成死水一潭。

人证定律：与重要的人在一起时，一定要确保有人见证。

可疑定律：所有数据中，看起来最正确的那个数据往往最可疑。

帮忙定律：你求助的人常常不知道怎么帮忙。主动帮忙的局外人常常能一眼看出问题。

结局定律：无论结局如何，总有人会着急于捏造结局、曲解结局，或者吹嘘结局符合自己的某种理论。

拜德领悟：拜金主义者认为自己可以利用金钱去奴役别人，没想到自己却成了金钱的忠实奴仆。

推论：

1. 金钱是人类一切卑鄙行为的根本原因，这最龌龊的东西会在国家层泛滥，甚至支配一个国家的命运。

2. 如果你把金钱当成上帝，那么它就会像魔鬼一样折磨你。

索罗斯格言：资本炒作遵循动物世界的森林法则，专门猎取弱者，而且每每得逞。

出丑定律：出丑的时候，熟人在场的概率更高。

歌德指点定律：在你给我指点风景之前，请你先爬上屋顶。

推论：

1. 想要给别人提出意见，就要先透彻了解问题。

2. 在你本事还不够的时候，不要随意去诟病别人的不足。

3. 爱挑别人毛病的人，往往自己的毛病更多。

傲慢定律：官最小的往往是最傲慢无礼的。

无知全能定律：无知的人才会觉得自己是全能的。

很烦定律：抱怨这个世界很烦的人，其实是他自己很烦。

席勒之酒定律：酒不会泄露任何东西，但它会让人吐真言。

夏尔多纳定律：最有趣的娱乐活动往往也是最没有意义的。

傻瓜创造定律：傻瓜可以创造更多傻瓜，智者却很难创造出更多智者。

推论：

1. 看一所公司的好坏，不是看规模，而是看它的领导层。

2. 看一所学校的好坏，不是看老师的学历，而是看校长的德行。

3. 优秀的家长不一定能培养出更出色的孩子。

4. 家境好的孩子不一定比家境差的孩子更有能力和优势。

麦克卢汉新闻定律：真实的新闻往往是坏消息。

推论：

1. 权利、金钱和坏事这三样，属于永不过时的新闻主题。

2. 灾难或意外的发生地点远，伤亡人数多，才算是新闻，否则就不算。

3. 狗咬人并不是新闻，人咬狗才算是新闻。

4. 新闻就是设置一个话题，挖一个坑，引诱人们跳进去，想跑都跑不掉。

5. 媒体每年都有固定的时间、固定的版面，报道一些题材内容相似的新闻。如果读者仔细一点就会发现，有些新闻只是换了个时间和数字，重新发表了而已。

6. 有些记者说，某些事情并不是真实的，但他们的任务就是重复地报道，报道得多了，假的也就变成真的了。

7. 越是残酷的故事越能够引发关注，报道这些事件的记者永远是赢家。

8. 人们品茶聊天的最佳话题就是花边新闻与丑闻。

三不问定律：在媒体圈有一条不成文的规矩，同行见面三个问题不要问：女人的年龄、男人的收入和报刊的发行量。

威望定律：威望指的是当别人提起你时，摇头叹气的人有多少。

维尼语录：怯懦的动物通常成群结队，勇猛的动物则独来独往。

拉布吕耶尔定律：一个人无论外表如何，只要他兼备美德和才智，就不会给人留下丑陋的印象。

洛克菲勒定律：养成坏习惯很容易，而保持坏习惯的代价很高。

苹果定律：有一堆苹果，有好有坏，应该先吃掉好的苹果。否则，好的也会变坏，永远都吃不到好的。

霍普定律：对于误解你的人，说真话去解释，只会引起更深的误解。

推论：不要理睬误解，它会自然而然地瓦解。

哈巴德法则：要提防一直鼓动你发言的人，因为每个人的发言都不会无懈可击。

自我控制理论：有些时候，我们并不能控制整件事，只能尽量控制自己。

葛德文定律：那些常常和纨绔子弟厮混的人，会很快沾染上奢侈的恶习。

伏尔泰判断定律：要根据一个人的发问，判断他这个人，而非回答。

乔治·卡林定律：如果一个人一直面带微笑，那么他很可能在推销一件糟糕的商品。

卢维斯定理：谦卑不是把自己想得很糟，而是忘我。

谦虚定律：如果将自己想得太好，就很容易将别人想得太糟。

司汤达理智定律：紧要关头，理智的人会比平时更聪明，能急中生智。

友谊渴望定律：如果没有想交朋友的强烈渴望，就不必自寻烦恼去打破孤独的“舒适圈”。

二、表达力墨菲定律

哥尔斯密定律：与其说语言的真正作用是表达需求，倒不如说是掩盖它。

海涅忠告：语言可以把死人说活，也可以把活人说死；语言能够将侏儒变成巨人，也可以将巨人打趴下。

批评定律：今天你还在批评的人，明天或许就会成为你的领导。

弗雷德语言定律：

1. 人类是因为打心底里想要抱怨才发明了语言。

2. 对于还没说出口的话，我们是主人；对于已经说出口的话，我们是仆人。

3. 谎言一旦跑出去，就永远都别想追上它。

4.“为了你好”是极具说服力的语言，它会让人臣服并毁灭自己。

沉默定律：在争辩过程中，最难被辩倒的就是沉默。

愚蠢定律：愚蠢的主要根源，是手脚或者嘴巴比大脑更快。

有效说服定律：为对方着想，让对方受益，是说服一个人非常有效的方法。

认同说服效应：在试图说服之前，先认同对方，效果会更好。

牢骚有益定律：发发牢骚更有益于正常沟通。

魅力说服定律：一个人的魅力往往比言辞更能说服对方。

强词夺理无力定律：强词夺理没有说服力，应该使用商量、提醒、暗示和类比等方法。

提示不足定律：诚恳、委婉地指出对方的不足，更容易获得信任。

谈话定律：最难以让人接受的两种谈话方式，一是自己说个没完，二是不认真倾听对方。

误解定律：误解你的人越多，你的麻烦越大。

闭嘴与开口定律：不知道什么时候闭嘴的人，也不知道什么时候应该开口。

罗曼·罗兰艺术定律：如果无话可说，就不要说；如果你有话要说，就直接说，但不可以胡说。

指责定律：当你指责别人时，不应该忘了对照检查自己。

最差口才定律：口才最差的人总是喋喋不休。

白德巴定理：无论何时，管住自己的嘴巴都是最大的智慧。而且，越善于控制自己嘴巴的人越自由。

古德定律：在开口说话前，请先弄清对方的观点。

最后一句效应：在讨论过程中，人们通常都不会在意前面说了什么，除了最后一句。

波什定律：表扬越具体，效果越好。

说服力定律：证据越多越充足，越有说服力。

问题与方法定律：你在进行说服时，一定要让对方认清问题，同时给出解决问题的方法，不然对方就会不为所动。

填鸭定理：一种思想只要不断重复，就会被接受；谎言被不断重复，也会变成真理。

晕头转向定理：如果说服不了对方，不如先说晕对方。

埃德加定律：适当的恐吓比适当的劝慰更有说服力。不过，一定要清楚对方最怕什么，不痛不痒的恐吓根本没用。

肯尼迪的忠告：世界上总有五分之一的人，不管你说什么，他们都反对。

班扬箴言：风趣的言谈，可以让粗茶淡饭变成美味佳肴，而枯燥的说教效果正好相反。

卡德龙忠告：语言是世界上最危险的武器——心灵的创伤比身体的伤口更难愈合。

培根啰唆箴言：颠来倒去的谈话是对时间的浪费。

培根语言与理性定律：我们总是自以为可以理性地支配语言，但偏偏有时候会让理性被语言支配。

培根过誉定律：如果夸奖过度，不仅不会感动对方，反而会招致反感和蔑视。

萨迪忠告：人类有了语言，才能比动物强大，但如果胡言乱语，那将禽兽不如。

莫洛亚忠告：在与人交流时，言辞就像是锋利的手术刀，一定要小心运用。

雨果观察：说客套话就像是隔着面纱接吻，只能让人浮想联翩。

契诃夫箴言：不能用温和的话语说服的人，用严肃的话语更不能说服。

苏霍姆林斯基潜能箴言：很多人的潜能都深藏心底，循循善诱的人才能发现并点燃。

本·琼森定律：对于他人的苦难，我们很难感同身受。只有亲身遭受切肤之痛，才能体会那些劝慰的空洞与无谓。

莎士比亚空话箴言：如果能让对方开心，说几句空话又有何妨？

叔本华拆穿忠告：如果有足够的证据证明一个人正在说谎，那么最好不要主动拆穿他，只要让他继续说下去，他就会放松戒备，最后自己露出马脚。

巴巴耶娃讲话定律：真话走的是阳关大道，在万众瞩目下直奔目标；而谎言走的却是羊肠小道，偷偷摸摸，很难抵达。

查·卡尔顿格言：如果你不是撒谎高手，那么最好说真话。

伊索谎言定律：一个经常说假话的人早晚会失去所有人的信任。

黑格尔少言忠告：在前辈面前，一定要记得少说话。如果话太多，会吃两个大亏：第一，突显自己的无知与愚蠢；第二，失去免费获得知识与经验的机会。

杰斐逊演讲箴言：世界上最可贵的才能之一，就是能够用一个词说明白的事情，从来不用两个词。

卡耐基争辩定律：解决争辩的最有效方法，就是尽量避免争辩。

卡耐基交流箴言：在与别人交流的时候，先不要亮出你的反对意见，最好是先强调，并且反复强调你赞同的事情。

培根背信忠告：切勿背信弃义，但凡有那么一次，你许下的所有誓言都将变得不可信。

沃尔顿信息忠告：信息就是力量，与盟友分享信息的好处，将远远超过泄露信息带来的风险。

流言定律：流言就像写在水上的字，就像飘在风中的话，注定不会持久，但会传播得很快很远。

歌德讨好定律：“爱”与“讨好”判若云泥，但有人总是混为一谈，且只会讨好别人。

查斯特菲尔德劝告箴言：忠言往往逆耳，而最需要忠言的人往往最厌恶它。

艾柯卡箴言：斥责批评没有说服力，只有心平气和才能开启成功交流的大门。

佩林忠告：面对丑恶，无关痛痒的话语其实伤害极大。

推论：应该仗义执言的时刻，保持沉默就是纵容。

托尔斯泰信与不信定律：不信言辞，只信作为。

爱默生交际观察：交际场上的高手通常都不会有话直说，而是含蓄表达。

西塞罗骗人定律：不仅眼神与面孔，连眉毛都能骗人，但最善于欺骗的莫过于言辞。

托尔斯泰先后思考格言：人可以分两类——先思考再说再做的人以及先说先做再思考的人。

英国谚语：说大话的总是干小事，干大事的总是闷着头。

劳埃德忠告：说话是为了增进了解，而不是互相隐瞒；说话是为了促进交流，而不是放烟幕弹。

巴斯卡格言：

1. 批评让人难受，但必不可少，就好比身体的不适，提醒人哪里已经出问题了。

2. 废话连篇就是内急还不让上厕所。

3. 闲话的公式：二加二等于五。

能说会道定律：所谓能说会道，是指所说的每个字大家都想到过，但说话的方式让人意外又舒服。

乔叟蠢人定律：愚蠢的人总是管不住自己的舌头。

塞涅卡闲谈定律：闲谈是了解一个人的最好方式。

塞缪尔·约翰逊称赞箴言：称赞所有人，就等于没有称赞任何人。

爱默生讲话格言：

1. 阿谀奉承就像香水，只能闻，不能解渴。
2. 聊天的关键是在恰当的时间说出正确的话。
3. 最让人扫兴的是在争论时遇见行家。
4. 两个人交谈，还可能有一个人洗耳恭听；三个人交谈，就可能会乱成一锅粥。

莱尔吆喝定律：吆喝响亮的人往往没什么好货。

忠告定律：最忠诚的忠告就是不要相信任何忠告。

打哈欠定律：打哈欠是对方喋喋不休时我们难得的张嘴机会。

萨迪说话定律：夹在两个闹矛盾的人中间，一定要注意说话的分寸，因为说不定哪天他们就和好了，到时候你可能会无地自容。

卡耐基提意见忠告：给别人提意见要表示尊重，直接说“你错了”就是大忌。

杰斐逊生气箴言：如果你生气了，开口之前先数到十；如果你非常愤怒，就请先数到一百。

巴尔扎克愚蠢观察：愚蠢有两种表现——沉默或多嘴。

莫里哀不检点定律：行为不检点的人总是最先说别人的坏话。

富兰克林讲话定律：智者想过之后才开口，愚者说完之后才去想自己刚刚说过什么。

塞涅卡拒绝定律：谁战战兢兢提要求，谁就最可能遭到拒绝。

塞缪尔·约翰逊定律：对争论对象唯唯诺诺，就相当于给他加油打气。

罗素争论定律：最激烈的争论常常发生在双方都没有真凭实据的时候。

诺尔斯争吵时长定律：争吵时间的长短往往与问题的严重性成反比。

富兰克林无赢家定律：争吵是一种十分奇怪的游戏，没有任何一方是赢家。

达·芬奇同罪法则：对恶人说好话和对善人说恶语是同等罪恶。

伊索箴言：能用事实证明的事情，说一个字都是多余的。

恭维定律：敷衍的恭维可以相信一半，郑重的恭维完全不能相信。

很忙定律：如果有人对你说他很忙，就相当于对你说他不想理你。

废话定律：我们一生中说的话大部分是废话，我们一生中能解决的问题大部分根本算不上问题。

真话好处定律之二：

1. 不用记住自己都说过什么。
2. 连声调都特别让人信服。

推论：说假话需要记住，还要小心被识破。

富勒说话定律：当坦率不受欢迎，奉承就会成为贵客。

拿破仑说与干定律：什么话都说的人往往什么事都不干。

卢梭多寡定律：无知者话多，多知者寡言。

伊索伪君子观察：伪君子往往会被自己的多嘴多舌出卖。

琼森第二定律：一个人的失败常常是因为话太多。

柯灵定律：会议室里的话更假，茶水间里的话更真。

蒙田定律：谁都难免说几句无聊的话，但最好别太一本正经。

哥尔斯密流言定律：圆圈画上再多次也变不成方块。同样，不能因为说的人多，就把流言当成真理。

纪伯伦讲演定律：只会口若悬河，却又不懂得如何吸引听众，就只能引起反感。

爱迪生妙语连珠定律：每个人的脑袋里都有妙语的种子，但它们会被理智、理想与良知抑制，只有真正的大才子才能将它们连珠。

土耳其鹦鹉法则：鹦鹉再会说话，也变不成人。所以，是否只会照本宣科，是区别智愚的利器。

土耳其民谚：闲话就好比行尸走肉，真言才能活蹦乱跳。

查斯特菲尔德定律：机智的妙语能为你增光添彩，俗气的玩笑只会让你变成小丑。

土耳其民谚：不要与牛皮大王争论，因为那只会浪费时间。

俄罗斯民谚：爱吹牛的人能把苍蝇吹成大象。

语言定律：语言好比是货币，智者用来购物投资，愚者只会当守财奴。

一鸣惊人定律：不要总想着一鸣惊人，因为这样的言辞必定像肥皂泡一样容易被戳破。

克登博格四秒定律：如果两个人交谈流畅，那么双方就都会感到被尊重，更容易达成共识。如果对话冷场了四秒钟或以上，气氛就会变得十分尴尬，让人担忧、焦虑，感觉合不来或被排斥，很难回到密切交流的状态。

塞涅卡说话状态定律：冲动的人说话是怒气冲冲的；浮躁的人说话是急急忙忙的；矫情的人说话则是有气无力的。

纪伯伦话多忠告：话多的人往往不聪明，由此看来，一个演说家与街头小贩几乎没有区别。

帕斯卡定律：雄辩必须能够让人高兴而又真实，然而让人高兴本身又必须出自真实。

莎士比亚诺言法则：许下诺言是文明又高尚的行为，履行诺言却像是在执行遗嘱一般丧气又勉强。

说真话定律：学会说真话是人类最艰苦的任务之一，因为不说真话几乎可以说是人的天性。

斯珀吉翁定律：许下的愿望越美好就越难以兑现，就像馅饼皮越脆就越容易破一般。

柯勒律治定律：誓言多的人谎话也多。

萨迪真话定律：一贯诚实的人，偶尔说错了一次，别人也会原谅他；一贯虚假的人，偶尔说句真话，别人也会当作谎话来听。

德谟克利特定律：美好的言辞并不能美化卑劣的行为，而高尚的行为也不会被诽谤玷污。

贺拉斯演讲艺术：想要打动听众，就不要装腔作势，不要啰啰唆唆。

马克·吐温母鸡箴言：四处宣扬，并不能够证明什么。好比母鸡下了一个蛋，却整天都咯咯地叫个不停，好像它下了一颗小行星一样。

马克·吐温停顿忠告：在诸多讲演技巧中有一种强大且效果难以估量的技巧，那就是停顿——这种短暂的让听众难忘的沉默，比任何雄辩都管用；这种震耳欲聋的沉默，常常能够收到超出预期的效果，比任何言辞起到的作用都大。

波普尔预言定律：将预言说得含糊不清，可以让预言家立于不败之地，这是典型的占卜者的伎俩，可以让预言难以指摘。

话术定律：所谓话术就是蒙人的诡辩术与夸张的本事。

奥尔科特定律：会斗嘴的人有很多，但会说话的人很少。

查斯特菲尔德演讲忠告：演讲时千万不要一开口就停不下来，要明白，即便不能赢得听众的认可，也不要让他们厌烦你。

过往定律：交情不深的人，对你的过往没兴趣。

歌德缄默定律：在团队中，要学会保持缄默，因为就连最琐碎的言辞，也可能会引发利益冲突。

萨迪雄辩定律：雄辩滔滔的人，并不一定有理。

曼斯菲尔德定律：一个会讲话的人，不是去记住别人的话，而是能说一些让别人记住的话。

吉斯特菲尔伯爵忠告：切勿自我吹嘘，绝对不要啰啰唆唆，也不要谈只有你自己关心的事情或者你的私事。

乔治·华盛顿沉默定律：面对诽谤，该干什么还干什么，因为沉默就是最好的回答。

三、形象力墨菲定律

形象管理定律：每个人都会有意无意地进行形象管理。

“美即好”效应：对于“美人”，人们更容易误以为他也是“好人”。

内外难以兼修定律：在外表上花尽心思的人，在学习上必定精力不足。只注重外表的人，往往缺乏内在魅力。

梭罗之鹅定理：给鹅穿上人的衣服，它依然是鹅。

漂亮“万能”定律：对于很多人来说，漂亮是一把万能钥匙。

迪斯雷利定律：外貌是内心的表露，如果一个人心如死灰，神态也一定呆若木鸡。

培根宽松忠告：人们的举止应该和衣服一样，不能太紧绷或者太过讲究，应当适当宽松一些。

卢梭健美身躯定律：华丽的服饰可以表现出一个人的富有，优雅的举止可以展现出一个人的修养，但只有在劳动者的粗布衣服下面，而不是宠臣的锦袍之下，才有健美的身躯。

德国美与合理民谚：不能说合理的都是美的，但美的就一定是合理的。

口袋定律：衣服上口袋越多，可能越是说明穿衣者缺乏安全感。

莫洛亚美的相对论：最朴素的常常是最华丽的，最简单的常常是最流行的，最素淡的常常是最惊艳的。

雨果外貌忠告：

1. 人的肉体有时只不过是裹藏内心的外壳。
2. 外表有时会将人光明的一面与阴暗的一面混为一体。
3. 只有人的心灵才是最真实的，相貌不过是一种面具。
4. 真正的人住在心里，如果能够窥见，我们通常会大吃一惊。

莎士比亚外表格言：外表常常与本质相差甚远，世人却容易被表面的装饰欺骗。

莫罗阿定律：美人总在怀疑自己的智慧，强人则喜欢怀疑自己的魅力。

席勒风度法则：风度的第一条法则是尊重别人的自由，第二条法则是展现自己的自由。

培根陌生与美定律：如果不能保持一定程度的陌生感，就不会产生惊为天人的美。

托尔斯泰距离箴言：距离是一层面纱，可以遮掩很多缺点，如果连这层面纱都没有，缺点就会暴露无遗。

夸美纽斯美貌格言：

1. 美貌就像烈酒，能让拥有的人和品尝的人都沉醉。

2. 笑容减少了，皱纹就会增加。

3. 如果你不能改变自己的容貌，那么就请注重自己的表情。

4. 美貌而无知的人就像哑巴鹦鹉，或是插着钝刀的金鞘。

马克·吐温形象格言：

1. 上天已经给了我们一张脸，但我们常常浪费时间自己再设计几张。

2. 人生是笑与泪之间的钟摆。

3. 眼泪不是麻药，是伤口上的盐。

4. 当我们照着镜子练习微笑，眼泪总不请自来。

5. 如果你在独处时笑了，那么一定是真的笑了。

6. 别人的脸常常是我们的镜子。

7. 人类是唯一会脸红的动物，也是最应该脸红的动物。

王尔德美貌定律：如果美丽的姑娘是陷阱，那么每个聪明的男人都心甘情愿跳进来。

狄更斯定律：被漂亮的衣服以及华美的家具唬住，是我们人人都常犯的毛病。

哈哈镜定律：哈哈镜里的形象可能很可爱，但一定照不到真容。

塞万提斯打扮观察：棍子经过精心装扮，也会变得面目全非。

樱井秀勋定律：“人靠衣装马靠鞍”这句话虽然有失偏颇，但是必须要靠外貌来判断一个人时，首先要看脸和衣着。

哈兹里特时尚定律：时尚是摆脱粗俗后的优雅，但终将被新的时尚取代。

富兰克林显恶定律：华丽的衣服穿在恶人身上，会让这种人显得更加丑恶。

弗桑箴言：时尚是穷人向富人缴纳的虚荣税。

爱默生衣着定律：人们喜欢穿好衣服的一个主要原因是：只有你穿得体面，狗才不会冲你乱叫。

比彻衣着忠告：衣着与风度并不足以成就一个人，但对已经有所成就的人来说，却可以为他大大加分。

德莱塞观察：衣着光鲜的人不管做出怎样的行为，都会被先假定为正当的。

北风谚语：北风总是能够找到衣着单薄的人。

推论：你穿多的那天，总是异常温暖。

穿衣服定律：谁在平日里穿节日的衣服，谁就会在节日里没有衣服穿。

纳什定律：女士通常不想穿得太扎眼，但又不喜欢撞衫。

男士裸露失礼定律：如果不想显得粗俗，男士的好身材还是留在泳池、沙滩或健身房中展示吧！

赫兹里特服装定律：将穿着打扮放在生活首位的人，将自身的价值压到了最低。

猴模人样法则：猴子如果穿上了人的衣服，再回到猴群，就会把同伴都吓跑。

海顿斯坦姆穿着定律：一个人应该随时保持微笑并穿着整洁，因为你不知道下一秒会遇到谁。

罗曼·罗兰衣着忠告：衣着改变不了你的本性。

托·富勒开门定理：优雅的衣着可以帮你敲开更多大门。

穿鞋墨菲定律：你穿皮鞋去参加活动，主办方就会安排登山；你穿旅游鞋去，他们就会安排座谈会。

比尔·布拉斯红色定律：治愈悲观情绪的良药就是红色，如果你郁郁寡欢，穿件红色衣服吧！

哈代服饰定律：服饰是外貌的重要部分，衣装不整齐就相当于五官不端正或是脸上有伤疤。

博蒙特与弗莱彻定律：二十年前流行过的款式会重新获得人们的喜爱。

伯顿定律：奇装异服并不等于时尚，时尚的人往往没那么引人注目。

鞋子淘汰定律：等你的鞋子完全合脚了，样式也就过时了。

普拉斯创造定律：所谓创造就是将已经存在的东西加以变化。

好身材魔咒：身材好的人穿什么都好看。

口袋定律：口袋里放的东西越少，越会显得干净利落、风度翩翩。

饰品搭配定律：过多的饰品就像是调料过多给人的感觉一

样——难以下咽。如果衣服朴实，那么最好不要佩戴饰品。

摩路瓦独创定律：最大的独创就是拒绝千篇一律。

照片墨菲定律：你觉得哪张照片最漂亮，朋友们就会觉得哪张“最不像你”。

推论：朋友说最像你的照片，通常是你认为最丑的那张。

波娃箴言：我们珍惜的应该是被装饰的自己，而不是装饰自己用的外物。

化妆时间定律：在化妆上花费的时间多少，喻示你自认为要掩饰的缺点有多少。

化妆金融定律：如果某一天全世界的女人都不化妆，会让很多家银行倒闭。

丹麦胡子格言：如果胡子能说明什么的话，那么山羊都可以当教授了。

发型定律：发型剪得越烂，头发长得就越慢。

做头发定律：当你下定决心做头发的前一天，总会有人夸你的发型好看。

契诃夫男人头发定律：头发是男人头部最好的装饰品，但长发飘飘容易显得思想轻浮。

风与发型定律：风永远不会顺着你的发型吹。

马克·吐温箴言：白衣服可以有污点，但是心灵一定要时刻保持洁净。

布雷顿定律：快乐是最有效的化妆品，忧愁是最有效的催老剂。

健康定律：如果你的生活方式不健康，再高超的化妆术都救不了你。

第四章

管理篇

一、管理墨菲定律

职场批评定律：面对上级的批评时，下级常常只会记住开头的几句，其余都充耳不闻，因为他们在忙着思考如何反驳开头那几句批评。

官僚命令定律：下越多命令去解决问题，问题就会变得越复杂。

招聘第一定律：外来的和尚似乎总是更会念经。

招聘第二定律：招聘员工招的是未来，而不是过往。

先解雇定律：总是知道下一步应该做什么的员工应该先被解雇，因为他们只会按部就班，不会创新开拓。

修塔定律：管理企业就像是修塔，如果只想着往上砌砖，却忘了打牢地基，修得越快，塌得越快。

事故积累定律：事故的发生是不断积累的结果。

素质与责任心定律：在实际操作过程中，再先进的技术，再完备的规章，也取代不了人本身的素质与责任心。

鲦鱼效应：鲦鱼是一种弱小的鱼，常常群居，由最强健的那条领头。生物学家做了一个实验，将领头鲦鱼控制行为的神经中枢切除，它就会失去自制力，行为紊乱，整个鱼群会盲目跟随它到处乱撞。

推论：

1. 下属的失败大多都是领导的失误造成的。

2. 最差的下属往往追随着最差的领导。

镜子定律：员工是管理者的镜子，他们的失败反映了管理者的失败。

容纳定理：检验一个人智商的尺度之一，是看他的脑子里能否同时容纳两种不同的思想，且不会阻碍他行事。

渴望晋升定律：只要存在等级制度，每位员工就都想晋升，就算他们不能胜任。

决策定律：如果掌握了足够多的实情，每个人都能做出正确的决策，而优秀的管理者可以在不掌握足够多实情的情况下做出正确的决策。

不称职守恒定律：每个公司都有不称职的成员。

死角定律：军事上，在武器射程之内却射不到的地方被称为“军事死角”，企业中同样存在“管理死角”。

推论：最大的死角往往会成为最大的误区。

牢骚定律：有的公司有敢于在工作场合发牢骚的人，有的公司的人只敢把牢骚藏在肚子里，前者的老板通常比后者的老板成功得多。

推论：

1. 牢骚是改变不合理现状的催化剂。
2. 虽然牢骚并不都是对的，但认真对待牢骚总是对的。

公司收购定律：收购重组后新公司的服务品质与产品质量往往会变得更差。

推论：

1. 收购方规模越大，对被收购方的关注就会越少。
2. 收购后不裁员的承诺大多是空话。

出色定律：出色的决策要配以出色的执行力才能获得出色的效果。

合作定律：人与人的合作并不是简单的人力相加，实际情况往往比预想的更复杂和微妙。如果每个人的能力是 1，那么 10 个人的合作成果有时会大于 10，而有时甚至会小于 1。因为人有不同的想法，相互促进自然事半功倍，相互拆台则一事无成。

产品名称定律：好的产品名称并不会让劣质产品畅销，而糟糕的产品名称一定会让好产品滞销。

自我管理第一定律：优秀的管理者并不会盯着下属，而是专注做好自己分内的事情，也就是自我管理。

自我管理第二定律：平庸的管理者只会管别人，不会管自己。

沟通的位差效应：来自领导层的信息只有 20% ～ 25% 会传达给下级并能被正确理解；而来自下级的信息被领导层获悉的不超过 10%，平级之间交流的效率却高达 90%。

管理者人数与成本定律：在管理中，如果管理者的人数多出一倍，工作时间就会跟着多出一倍，而工作成本就会多出二倍。

出钱出力定律：只要有人肯出钱，就一定有人肯出力。

灵活管理定律：管理工作的规范不能太细太死，因为它是十分开放的系统，各种情况都会遇到。条条框框越多，管理工作越难展开。

少管定律：美国通用电气公司总裁杰克·韦尔奇曾给出这样

的忠告——管得越少，就是管得好。

本本主义管理定律：有些管理者总是习惯照本宣科地搞管理，却早忘了书的作者是谁，甚至忘了自己到底有没有读过那本书。

进度反比定律：进度报告越长，实际进度就越慢。

团队与个体定律：优秀的团队是优秀个体的最佳组合。

海潮效应：一家公司，如果能用待遇吸引人才，能用回报激励人才，就能留住人才；否则，人才一定会流失。

合伙人定律：如果管理者能把员工当成自己的合伙人，那么员工就会产生使命感，与企业风雨同舟；否则，员工不是混日子，就是跳槽了。

信息定律：我们能得到多少，通常取决于我们知道多少。同理，如果企业重视信息，利润就会源源不断。

不拖延定律：想得太多，就不能及时决策。如果有了一个好决策应该立即执行，再好的决策也经不起拖延。

决策定律：有效的预测是正确决策的前提，如果没有前瞻性，那么就没有决策自由。

不在场定律：对于一个管理者来讲，最需要关心的不是在场时的情况，而是不在场时的情况。

推论：如果管理者想让下属事事服从，那么当他不在场的时候，下属就会无所事事。

避雷针定律：不善于疏导员工情绪的公司，就像是没安装避雷针的大楼，迟早会出问题。

思维隧道定律：如果身处隧道，那么视野就会十分狭窄。管理者的大忌就是陷入思维隧道。

时刻准备经营法则：随时随地做好准备，充分运用各种资源，这样的企业无论遭遇多大困难，都能够长期而稳定地发展。

程序管理定律：程序管理能够解决 99% 的问题，领导的任务是解决剩下的 1%，当然，也是决定企业命运的 1%。

管理本质定律：管理的本质就是把复杂的问题简单化，将混乱的情况规范化。

龙马效应：如果管理者将员工看作龙，那么他们就会有像龙一样的表现；相反，如果把他们看作马，那么他们就会有像马一样的表现。因此，管理者要让员工相信，自己有无限潜力。

倾听定律：倾听是管理者与员工之间沟通的基础，但在现实中，大部分管理者都没有真正掌握“倾听”的艺术。

正视失败定律：正视错误，就能获得宝贵的教训。正视失败，企业就可以避免更大的损失，可以重新调整自己的市场策略，也就可以夺回市场份额。

静候不同意见定律：在没有听取不同意见之前，千万不要做出决策。

首席执行官职责第一定律：首席执行官的职责是让手下的人可以得到成长、发展的空间，不断创新，就像辛勤的园丁，让种子能够生根发芽，茁壮成长。

首席执行官职责第二定律：首席执行官需要选择那些精力旺盛的人，能够用激情感染别人，具有决断和执行能力的人。如果首席执行官成为企业的“皇帝”，这样的企业绝对不能成功，因为它不具备可持续性。

产品质量定律：对于产品质量而言，要么是满分，要么是零分。

时刻警惕定律：管理者应时刻警惕风险的存在，正如比尔·盖茨所说，微软距离破产永远只差 18 个月。

狮子与绵羊定律：成功的管理者会努力满足下属希望被赞赏的心理需求，鼓励下属发挥自己的创造力，帮助他们解决问题；相反，吹毛求疵，色厉内荏的管理者，也许能凌驾下属之上，但是，一只狂躁的狮子带领一群怯懦的绵羊，能有什么好结果呢？

谨慎管理理念：成功的企业家，面对成就与赞誉，时刻都保持着如临深渊、如履薄冰的态度。

重视顶尖人才忠告：成功的企业都极其重视顶尖人才，比尔·盖茨曾提醒微软管理层，如果有人把我们的 20 个顶尖人才挖走，那么微软将变成一家无足轻重的公司。

谨慎决策警示：世界著名的咨询公司美国兰德公司曾在一份调研报告中指出，世界上每 100 家破产倒闭的大企业中，有 85% 是管理层决策不慎造成的。

成功决策法则：一个成功的决策，90% 靠准确的信息，再加上 10% 的管理者直觉。

凯莱赫忠告：以尊重作为凝聚力核心的公司，要比靠畏惧来维系凝聚力的公司更稳定。

“坠机”定律：企业应在日常经营中采取恰当措施，形成完善的管理制度，避免因为企业领导突然“坠机”而导致企业陷入困境。

不迷信管理层定理：永远不要相信管理层的力量与作用是万能的。

成功管理定律：成功的管理就是能在充满偶然性的环境中，为企业确定一个足够高的成功率。

管理层次定律：一家公司的管理层次越少越好。

管理乏味定律：管理得好的企业总是乏味而单调的，没有什么让人心惊肉跳的事情发生。

揣测高层定律：通常情况下，普通员工很难与高层管理者接触，只能通过他们的规划与目标来揣测他们是怎样的人。

授权与控权定律：成功的企业家不仅是控权高手，也是授权高手。

利润提高定律：美国克莱斯勒汽车公司前总裁李·艾柯卡指出，提高利润的途径只有两个，一是卖得更多，二是降低管理成本。

评估与管理定律：对于一家企业来说，如果不能对业绩进行及时而准确的评估，就无法进行有效的管理。

做得好不如说得好定律：管理者总在强调要讲究实际成效，但受到奖励的，却大多是那些只会做表面文章、投机取巧的员工。

反对平均主义忠告：不要搞平均主义，因为那是罚勤养懒，最后只剩下最差的员工。

成功者法则：成功者完成的工作，是大部分人都不想动手的。

预测原则：在企业的经营过程中，管理者虽然不可能完全准确地预测未来，但预测是企业成败的决定因素之一。

多米诺骨牌效应：无数个相关事物中的某一个，一旦发生了变化，其他的就会跟着发生变化。

行动与评论法则：行动者往往没有评论者那么能说会道，但评论者往往没有行动。

匿名定律：在不记姓名或者背对背的情况下，对员工个体来说，管理规范或同事带来的压力更小。

创新与失败定律：在激烈的竞争中，如果管理者没有惊世骇俗的创新，那就只能与失败者为伍了。

适度减压定律：过度追求工作目标，持续保持高工作压力，会对团体的凝聚力和工作效率造成损伤。

长远与眼前定律：管理者应该养成良好的思维习惯，在宏观考虑企业长远发展的前提下，也考虑眼前的效益。

强调与检查定律：管理者应该铭记，强调什么就要去检查什么；否则，员工就会确信你在放空炮。

执行力更重要定律：日本软件银行集团董事长孙正义认为，三流的创意加上一流的执行力，永远要比一流的创意加上三流的执行力效果好。

战略定律：美国花旗银行前董事长约翰·里德说过，企业发展战略越精练，就越容易彻底执行。

掌握话语权定律：美国通用电气公司总裁杰克·韦尔奇秉持这样一条投资原则，在某个细分市场，如果通用电气不能坐上第一或者第二把交椅，那么就会把投资撤回。因为没掌握话语权，就是没利润的无效投资。

不要勉强的妥协忠告：勉强的妥协往往比谈判破裂更糟糕。因为在勉强的妥协中，常常隐藏着矛盾爆发的种子。

精简定律：对于死气沉沉的企业，将现有的管理者与组织层次削减一半甚至大半才能算得上是精简。

绊脚石定律：松下幸之助曾说，让不称职的人选留在不合适的职位上，是每个企业成功道路上的绊脚石。

老板无奈定律：好员工待不久，糟员工赖着不走。

演变定律：企业不是静止的机器，而是不断演变的社会系统。

老板与员工对抗定律：老板总是低估员工的能力，员工总是低估老板的智商；老板总是高估员工的耐力，员工总是高估老板的慷慨。

语速定律：职位越高的人，语速越慢。

规则定律：尽量少制定规则，一旦定下来，就要严格遵守。

记住问题原则：就算无法解决问题，也要记住问题的存在，而不应掩耳盗铃，麻痹自己。

最有效目标定律：企业发展的目标如果既能指引未来，又具有一定挑战性，那它就是最有效的。

推论：

1. 先有专一的目标，才有专注的行动。

2. 过高的目标，往往连成本都收不回。

失败与机会定律：失败也是机会。如果没有失败的记录，也就意味着裹足不前，没有尝试去把握机会。

写清楚定律：将问题条理清晰地写出来，问题已经解决了一半。

承认定律：解决问题的第一步是承认有问题。

危机管理第一定律：在危机管理过程中，越敢于坚持沟通，越能有效消除公众的不信任。

危机管理第二定律：让公众了解实情，否则只会让危机变得更加严重。

危机管理第三定律：越费尽心机掩盖事实，企业的公众形象就越会大打折扣。

危机管理第四定律：如果忽视危机对公众情绪的影响，就很容易进一步激化公众的不满情绪。

细节与系统定律：工作中的失误通常都发生在细节上，而成功主要取决于系统。

跨国公司管理者第一挑战定律：人才数量充足，但质量参差不齐。

跨国公司管理者第二挑战定律：跨国公司有着传统的组织结构，虽然经验丰富，但臃肿迟钝，变革能力弱。

推论：很多大型跨国公司的组织结构是其海外扩张的绊脚石。

跨国公司管理者第三挑战定律：发展中国家的跨国公司在海外往往缺乏廉价劳动力，而且他们缩减劳动力成本的努力常常遭遇挫折。

推论：发展中国家的跨国企业会错误地认为全世界的劳动力都很廉价，却忘了发达国家的劳动力成本很高，而且有强大的、独立的、很难对付的工会组织。

跨国公司管理者第四挑战定律：很多跨国公司对合资公司的不满意，转而通过并购等手段来扩大市场占有率，但这会大大提高成本，使结构更臃肿。

上司行动法则：管理者不要总是坐而论道，还要起来行动。下属看到你的行动，就能更明白你的要求。

自信逆反定律：越是觉得自己有能力与效率的下属，在工作过程中越是不愿意听命令与指挥。

管理者常常犯的十大错误：

1. 表扬规避风险者，责备承担风险者。

2. 奖励贪图眼前利益的行为，却对尝试彻底解决问题的人白眼相待。

3. 奖励盲目跟风的行为，却嫌富于创造力的人多事。

4. 点赞油嘴滑舌者，无视默默行动者。

5. 奖励固执蛮干者，批评灵活应变者。

6. 奖励画蛇添足者，批评当机立断者。

7. 安慰满腹牢骚者，忽视埋头苦干者。

8. 奖励草草了事者，批评认真负责者。

9. 喜欢频繁跳槽者，无视坚守岗位者。

10. 赞扬内斗内耗的团队生机勃勃，批评团结合作的团队一潭死水。

对管理者客观评价定律：一家企业如果没有形成公平、公正、公开的企业文化氛围，对管理者能力的评价就不会客观。

时间与金额反比定律：讨论的金额越大，讨论的时间就越短；反之时间越长，会在一些没有多大用处的细枝末节上浪费很多时间。

无效率系数：因为复杂的利益关系，某个层级参与决策的人越来越多，而决策效率会变得越来越低。于是，就会在这群人当中赘生出所谓的核心决策委员会或核心决策团体。

短期财务指标误导定律：人们常常认为短期内财务指标的大幅上升，是高层管理者胜任的标志，却忽视了这种短期的激励，可能导致他们只追求企业的短期效益而忽视企业的长远发展。

不可控制定律：总公司对子公司的市场业绩、总利润等都有明确的考核指标，以此进行考核评估。但总公司常常不了解影响子公司管理者遭遇的不可控因素，而正是它们让管理者焦头烂额。

领导与制度定律：领导本身往往是制度的最大挑战者与潜在破坏者。如果在日常管理工作中，领导凌驾于企业制度之上，那么就是在向员工传递这样的信息——所谓制度只不过是领导的囊中物。这对企业发展来说是非常危险的。

英雄式领导定律：英雄式领导带有很强烈的个人色彩，但实际能力往往乏善可陈。优秀的领导更多的是埋头苦干，更注重团队协作，具备长远眼光，致力于团队建设。

消费者保护定律：只有对消费者负责的企业才会赢到信任，

一心想要占消费者便宜的企业只会失去信任。

反对意见定律：大部分人都不愿意提出反对意见，因为从小受到的教育就是要有礼貌，要尊重他人的想法。但是建设性的反对意见对管理者来说非常重要，因为这能帮助他们进步。因此，为了鼓励员工提出反对意见，管理者必须以身作则，自己率先发表反对意见并接受别人的正确意见。

创新定律：在持久的竞争过程中，企业的优势主要来自超越竞争对手的创新能力。

重大消息定律：在进行了较充分的解释工作的前提下，企业改革重大消息公布之后，30% 的员工会真正理解，继续安心工作；30% 的员工会观望，期待自己能继续安心工作；30% 的员工比较疑惑，无法安心工作；10% 的员工会成为改革反对者。

不确定性定律：理论上，管理者需要获得所有必要信息，才能保证决策是在具备充分确定性的条件下做出的。但实际上，获得所有必要信息是很难做到的，因此大部分的决策都是在一定程度的不确定性条件下做出的。

总裁的第一要务定律：韦尔奇说过，他担任美国通用电气总裁的时候，75%的时间都花在挑选、评估和鼓励自己的团队上，因为他自己不会设计，也不会制造，具体工作都要靠团队来完成。因此，他认为总裁的第一要务是管理好自己的团队。

困难定律： 就算做好了思想准备，管理者遭遇的困难往往比想象的更难解决。例如：原因和后果都不得而知的情况；可能威胁企业存亡的极端事件；几乎没有时间做出反应的紧急事件；整个企业都没人知道如何应对的事件；难以抉择的两难局面等……

知识型员工定律： 对于知识型员工，心理满足要比物质满足更加重要。

危机与商机定律： 危机不仅带来困难，也蕴藏着无限商机，如果我们只把危机当作危机，那么它就会变成纯粹的危机。

质量优先第一定律： 美国著名质量管理学家约瑟夫·朱兰指出，20 世纪是效率的世纪，21 世纪是质量的世纪，质量是占领市场的关键要素，管理者不能总盯着效率。

质量优先第二定律： 世界上没有一家生产劣质产品的企业光靠价格便宜能长久生存，也就是说，只打价格战、不提高质量就很难在市场上立足。

人才定律： 人才是利润最高的商品，能发现人才留住人才的企业，才能成为最后的大赢家。

二、消费墨菲定律

消费墨菲定律：如果商家保证产品 60 天不会出现质量问题，那么到了第 61 天很可能就会坏掉。

标价墨菲定律：商品零售价总是故意少一分钱，比如 2.99 元、3.99 元、4.99 元……顾客明知这是商家的花招，却总觉得确实便宜了不少。

折扣墨菲定律：折扣越多，花钱也越多。花一整天的时间“比价”“凑单”，就是为了省点钱，结果回到家的时候才发现自己破产了。

抢票墨菲定律：在网上抢演唱会门票时，总是在订单提交的关键时刻出状况，或者手机卡顿，或者突然断网，等恢复了，票也被抢光了。

买衣服墨菲定律：你喜欢的衣服，总是缺你的号；有你的号，但是穿上去总不合身；穿上去很合身，但是价钱太高还不打折；赶上打折，买回去没穿几天就坏了。

白比价定律：不管你花了多少时间与精力货比三家，刚买完，马上就会有店家打折促销。

配套定律：人们往往是买了一件全新物品后，接下来就忙着给它配置新的物品。比如，买了新上衣就要配新裤子，再配新鞋子……

仅供陈列定律：你觉得最合适、最喜欢的那件商品总是仅供陈列。

越急越慢定律：在交款时，快速通道的收银员总是让人感觉特别慢。

刚买完定律：当你买完一件商品没多久，生产厂家可能就会爆出负面新闻。

金额与抱怨反比定律：花钱越少的客户，往往抱怨越多；花钱越多的客户，更喜欢赞美产品或服务。

超计划采购定律：我们每次离开超市时，购物袋里可能都有采购计划外的东西。

广告墨菲定律：广告是这样一种东西，没有它，消费者购物时偶尔会感到茫然；有了它，消费者购物时经常会眼花缭乱。

越好讲价越不满定律：如果销售人员很痛快地接受讲价，顾客不但不买账，还会嘀咕“怎么这么好说话，我是不是砍太少了？”

辛苦与小气定律：赚钱越辛苦，花钱越“小气”。因为没有“汗滴禾下土”的人，永远都不懂得“粒粒皆辛苦”。

货架通道宽窄定律：如果货架间的通道太狭，那么消费者就会尽量快速通过，商品的购买率会降低。如果加宽，消费者通过更缓慢，浏览商品更从容，商品的购买率会提升。

购物区域定律：超市购物区域可以分为高价值购物区域和低价值购物区域。前者会引来更多的顾客流连驻足；后者则会冷冷清清。

超市堵车定律：不管你在超市里找什么，总会有其他人的购物车挡住你。

零售定律：如果你只想随便看看，就会有好几位店员过来围着你推销；而如果你想要直接买一款看中的东西，却常常找不到店员。

亚当·斯密资本定律：资本因节约而增加，因消费与失策而减少。

饿了不逛超市定律：不要在肚子饿时逛超市，那样很容易买更多食物，而且很多是等你吃饱之后就根本不想再看第二眼的。

均码不均定律：如果衣服标签上写着“均码”，那就说明只有部分人穿着合身。

别信承诺定律：一件商品承诺得越多，越不能相信，比如一台廉价音响却标着“超重低音”“环绕立体声”。

新款第一定律：所谓“新款”或“改进款”大都名不副实。

新款第二定律：“新款”和“改进款”的意思是要涨价。

新款第三定律：“全新升级”或“超级新款”的意思都是价格将要暴涨。

买前实用定律：所有的东西，在买之前看起来都是实用的。

骑驴找驴定律：超市里，你要找的东西很可能就在你眼皮底下。

订货法则：订货之后，就很可能会发现价格更低、交货更快的货源。

低价购物定律：你看上一件商品，没有在第一时间下手，等货比三家回来，它已经卖光了。

幸福法则：既会花钱又会赚钱的人，才算得上幸福的人。

各种商品的墨菲风格自我介绍：

味精企业：味精是从粮食中提取出来的，可以无限量大胆放心使用。

鸡精企业：鸡精原料里真的有鸡，味精一定不要多吃，吃多了损害记忆力。

健身房：生命在于运动，运动可以保持青春、延年益寿，KTV、酒吧不利于健康。

娱乐业：过度锻炼也有害，现代人生活节奏快、压力大，KTV、酒吧可以调剂精神，放松神经。

乳业公司：一杯牛奶可以强壮一个民族，牛奶百利无害，终生都不要断奶。

豆浆厂家：喝牛奶也会有副作用，牛奶中的乳糖太多，总喝牛奶容易变胖。

品牌牙膏：长期使用同一款牙膏，可以固齿保健，终身保持功效。

杂牌牙膏：长期使用同一款牙膏，会让细菌产生抗药性，感染久治不愈。

花卉行业：家庭养花有保健作用，不仅美化家居环境的，还能净化室内空气，有利身心健康。

装饰画行业：室内养花有害健康，在夜里会与人争夺氧气，并且不能四季看花。装饰画就没有这些缺点，还方便更换。

彩票魔力定律：彩票的魔力在于能让一个人越买越赔，赔完还买。

奢侈浪费传统定律：有人类学家认为，奢侈和浪费都是原始人遗留下来的生活习惯。原始人热衷于狂欢，直到他们吃光喝净了，才又出去捕猎或掠夺。

供求法则：一个地方的商店越稀，商品价格越高，服务态度越差。如果只有一家特许商店，顾客就只能任由宰割。

网上购物第一定律：提交订单成功后，才发现收货地址选错了。

网上购物第二定律：在网上买的东西，迟迟没送达，刚打电话催完，东西就到了。

网上购物第三定律：没有当面验货，快递员前脚刚走，就发现商品有问题。

永远都不会错的购物原则：

1. 如果一个卖场的营业员比顾客还多，东西不贵才怪！
2. 货比三家总不会吃亏。
3. 商家都喜欢外行，最喜欢不在乎钱的外行。
4. 钱在谁的手里，主动权就在谁手里。不要做上帝，还是省钱比较实惠。因此，不要着急付款，定金越少越好。

5. 炫耀不是荣耀，不要炫耀自己很有钱，即便你真的很有钱。

6. 只有错买没有错卖，商家说“亏死了”永远都是骗人的。一笔生意只要能够成交就说明有利可图！

卖雨伞定律：每个风雨交加的上下班时段，地铁口都会冒出卖雨伞的。他们心里可能还在祈祷：让暴风雨来得更猛烈些吧……

容量与销量定律：20 克冰激凌，装在 20 克容量的纸杯里与装在 30 克容量的纸杯里相比，前者销量更好。

过度推销忠告：捕鼠器上的奶酪不要太大，不然老鼠可能吃饱了，也没触动它。

次品留在原产地定律：有消费者生气地问经济学家，为什么在原产地只能买到次品，优质品都卖到外地去了？经济学家分析后指出，那些“外地”都是购买力更强的地方。优质品和次品运到那里的成本相同，这样，优质品相对就更便宜了。所以，运走销售的都是优质品。这个理论，也被称为阿尔钦 – 艾伦定律。

买后不比价定律：买完东西之后，如果再看到同样的东西，不要去打听价格，因为多数情况下比你买得便宜。

商家市场分析警示：

1. 商家往往会高估自己的市场占有率。

2. 商家往往会高估市场整体容量。

3. 有市场不一定就有顾客。

4. 市场需求可能是虚假的。

5. “低价 + 远距离运输”好于“高价 + 近距离运输”。

跷跷板定律：一个产品名称不能同时代表两个产品特色，一个被突出，另一个就会被淡化，就像跷跷板一上一下那样。

包装决定论：有调查发现，在购物过程中，有超过半数的消费者会根据商品包装来做出决策。因此，即便产品再好，也要做好包装，否则销量也上不去。

包装墨菲定律：同样的蛋糕，装在精美瓷盘中，要比装在纸盘中看上去更好吃，顾客总是心甘情愿地多掏钱。

网络影响定律：美国亚马逊公司董事会执行主席杰夫·贝索斯指出，在网络上，顾客差评传播更广，现实中，他可能只跟身边的 5 个人说起，但在网络上能扩散给 500 人，甚至更多的人。

奉承与服务定律：销售前的奉承，远不如销售后的服务有意义。这是留住客户的不二法门。

松下幸之助定价法则：日本松下电器创始人松下幸之助指出，挣钱靠的不是巧舌如簧的讨价还价，而是要一上市就制订出合理的价格。

折腾顾客定律：虽然消费者被尊为“上帝”，但是他们总是被各种打折、返利、抽奖和促销折腾得够呛。

玻璃杯定律：如果想要卖掉一只玻璃杯，最简单也最聪明的办法就是先把它擦拭得又光又亮。只要是成功的销售人员都懂这个朴素的道理。

男性陪同消费定律：有男性陪同购物时，女性在卖场停留的时间会更长，更愿意试穿，成交率也会增大，当然花的钱也会更多。

购物时间定律：女顾客的挑选耗时要远远长于男顾客。

意见敏感定律：女顾客更愿意与导购进行交流，并对他人的意见十分敏感。女性购物的真谛是想要在购物的过程中收获愉悦感，如果导购招待不周，或者不够热情主动，女顾客会马上头也不回地走掉。

试穿成交率定律：女性试穿后的成交率比男性低得多，这与商品本身关系不大，因为女性更谨慎，即便是一眼相中的衣服，她们在试穿之后还要斟酌比较，再决定是否购买。

顾客服务原则：第一，顾客永远是对的；第二，如果有疑问，请参照第一条执行。

托尔斯泰商人观察：即便买的是一片森林，商人也要数清树木的数量，除非是别人白送给他们的。

新发明定律：新的发明只要能提高某类商品的生产销量，就会让市场上所有这类商品的价格都下跌。

市场定价定律：在自由市场上进行的商品交换，市场价格最后由买家的评价决定。

家庭购物决策定律：市场调查显示，家庭的购物决策大部分是由女性做出的。如果是购买日常用品，这个比例可能会高达 90%。

三、投资墨菲定律

巴菲特投资第一法则： 投资者应屏蔽兴奋，至少不应该在错误的时间兴奋。

巴菲特投资第二法则： 道听途说的内部消息，再加上高杠杆，足够你在一年内破产。

逆行盈利定律： 当大家都担心市场下跌时，敢于入市的投资者少之又少，赚钱的比率却更高。

切勿挑战市场忠告： 一些自以为是的投资者特别喜欢挑战市场，当市场证明他们错了后，他们甚至不惜动用更多本金，来捞回亏掉的成本。他们不愿承认失败，结果只能溃败得更彻底。

分散投资定律： 巴菲特忠告投资者，分散投资是盲目投资者的自我保护法，对于那些策略清晰的投资者来说，它是没有意义的。

市场非理性定律：市场并不像传统主流经济学理论认为的那般理性，它充满了各种不可控因素，善于利用其他交易者非理性行为的投资家将成为赢家。

情绪影响投资定律：投资理财不仅需要专业知识，也需要好性格、好脾气和好心态。急躁、偏执和狭隘会让投资者承受更大风险。

投资没记性定律：多位投资大师都指出，投资中最“昂贵”的五个字是“这次不一样”，因为不把握市场规律，不吸取教训，没记性的投资者不可能盈利。

查理·芒格时机定律：美国著名投资家、律师查理·芒格指出，上天赐给良机，聪明的投资者就会重金下注；时机不对，他们则稳如泰山。

烦恼与盲目定律：人的大部分烦恼与金钱有关，但在处理金钱时，却又异常盲目。

货币多少定律：如果把国家比作躯体，货币就是脂肪，太少会臃肿，太少会瘦弱。

货币功用定律：货币的主要功用是周转消费品。

不看牌必输定律：美国投资家彼得·林奇提醒投资者，不进行研究就投资，就像是打扑克不看牌，必输无疑。

投资两大通病：普通投资者的心态永远都是从众和追涨杀跌。

金钱威力定律：金钱并不能解决每个问题，但确实有很多问题只能靠金钱解决。

管理与投资定律：巴菲特曾说，会数数的马是非凡的马，却不是出色的数学家。同理，能合理运用资金的纺织公司是一家出色的纺织公司，却不是出色的投资公司。

价值投资箴言：巴菲特提倡价值投资，他打比方说，即便只能拥有一块钻石的一部分，也比拥有一块完整的水钻好得多。

危险时刻定律：人人都在赚钱的时候，恰恰是集体套牢的危险时刻。

了解与投资定律：美国著名投资家吉姆·罗杰斯忠告投资者，除非真正了解自己的投资对象，否则什么都不要投。

长记性忠告：同样的错误不要重犯，因为还有很多五花八门的错误等着你。

索罗斯投资法则：如果你有一颗脆弱的心，那就赶紧退出投资市场吧，不要妄想成为常胜将军。要想成功，就必须冷酷而坚定。

耐心投资定律：对于耐心投资，吉姆·罗杰斯有这样的比喻，投资者要做的就是等待，直到钱都堆到了墙角，这时候要做的事情就是：走过去，捡起来，装进口袋。

不懂不投定律：彼得·林奇劝告投资者，如果在自己不懂的领域投入大量金钱，注定会失败。

应对未来定律：索罗斯说，无法预测未来并不可怕，可怕的是不知道该怎么应对。

欢迎下跌定律：我们应该欢迎市场下跌，因为这让我们以意想不到的便宜价格买入更多的股票。

直面现实定律：巴菲特曾调侃地说，如果连尾巴也算在内，一只狗总共有几条腿？答案还是四条。因为尾巴永远还是尾巴，不论你说它是尾巴还是腿。投资也是如此，投资者要勇于直面现实，无论它多残酷。

巴菲特保本忠告：投资有两大基本原则，第一，保住本钱最重要；第二，永远记住第一条。

坚持长期投资定律：如果想在市场中盈利，就应坚持长期投资。这就好比参加马拉松比赛，如果你想要获得好成绩，至少要跑完全程。

尊重市场箴言：美国著名投资家威廉·欧奈尔指出，他的经验表明，市场自己会说话，而且市场永远是对的，如果轻视市场的威力，那么它一定会教训你。

6.8% 法则：有统计数据显示，市场占有率低于 6.8% 的产品或者企业，都会淹没在市场中。

一分钱定律：我们应关注小额资金的管理，有时缺少的一分钱，正是之前掉在地上懒得去捡的那一分钱。

控制情绪定律：巴菲特非常重视投资情绪，他指出，有效地控制情绪可以增加投资收益，坏情绪会降低投资收益。

无效提供定律：你能提供的东西，往往是你用不着的东西。

詹姆斯·蒙泰尔投资七大定律：

作为价值投资者，著名基金经理詹姆斯·蒙泰尔认为，投资者最大的对手就是自己。由过度乐观心态演变而来的偏见、自负、情绪化三种先天心理，在现代社会成为缺点，尤其是在投资领域，经常使我们犯错误而造成损失。蒙泰尔认为，要消除上述心理障碍，投资者应该信守那些明智并具有指引意义的投资原则，他总结了自己的投资原则供大家参考。

1. 坚持探寻投资的安全边界。

2. 市场波动有规律可循，每次都一样，这一次也不例外。

3. 要有耐心，静候泡沫自己破灭。

4. 要善于逆向思维。

5. 风险是资本的永久性成本，而不仅仅是数字。

6. 对债务杠杆保持高度警惕。

7. 绝不投资不熟悉的领域。

投资与智商定律：投资并不是一场智商大比拼，并不是简单的智商高的人就能打败智商低的人的游戏。

未知更重要定律：对于大部分投资者来说，相比知道些什么，更重要的真正明白自己到底不知道什么。

缺乏信心失败定律：如果缺少信心，焦虑与恐慌就会掌控投资行为，最终造成投资失败。缺少自信的投资者很容易产生紧张情绪，有点风吹草动就会匆匆割肉离场。

长期投资箴言：巴菲特认为，投资者应坚持长期投资，不要过度关注短期波动，除非这些波动造就低价买进的机会。

钱找人定律：巴菲特指出，你如何投资理财决定了你这辈子将积累多少财富，而不是能赚多少钱。钱来找人，胜过人去找钱。要让钱为你工作，而不是你为钱工作。

过度操作定律：如果投资者过于享受操作的过程，造成过度操作，即便正确预判市场，也难以盈利。

短期预测有毒定律：股市短期预测就像毒药，应该深藏起来，远离股市中那些行为像孩子般幼稚的投资者。

有激情无贪念定律：既充满激情又没有贪念，享受投资过程的人才适合搞投资，因为缺乏激情会让你敷衍了事，利欲熏心迟早会让你赔掉老本。

简单与复杂定律：巴菲特提醒投资者谨记，投资并不像奥运会跳水比赛那样要评分，难度的高低不重要，比如你投资了一家业务简单的小企业，只要它持续有竞争力，那么，比起你费尽心力投资一家业务庞杂的大企业，投资回报一点都不少。

习惯投资额定律：阿根廷学者厄尼斯特·拉克劳发现，投资者心里有一个习惯投资额。如果新的投资额超过它，投资者就会非常谨慎，尽力规避风险；如果新的投资额低于它，投资者就愿意冒险。而习惯投资额的大小取决于投资者的收入情况。

可口可乐投资定律：1919 年，可口可乐公司刚刚上市，当时的股票价格为 40 美元左右。一年后，下跌大约 50%，只有 19 美元。然后，可口可乐公司又相继遭遇了瓶装、糖料涨价等问题。紧接着，又出现了大萧条、第二次世界大战和冷战等，总会发生这样那样不利的情况。不过，如果你最初花 40 美元买了一只可口可乐股票，然后又用派发的红利继续买进，那么到现在，这只股票就价值 500 万美元了。这个事实证明，只要你看对生意模式，就能赚钱。

不赌定律：不要妄想用自己口袋里的生活费，去赚别人的银行存款，这不是投资，而是豪赌。

可能是 1 定律：投资者应该记住，虽然某项投资成功与失败的比率是 100 ：1 甚至 1000 ：1，但是最终你很可能就是那个 1。

指数投资定律：巴菲特建议，通过定期投资指数基金，可以让投资“门外汉”获得不错的收益，甚至超过大部分专业投资经理人。

赌博赢钱概率定律：博彩业就是要投入大额奖金刺激众多小额投入，不管中彩的概率是多么的渺茫。

卖完就涨定律：市场是难以预测的，我们常常会看到这样的情况：某个投资者相信市场即将下跌，就将自己手中不错的投资全都转卖出去，结果刚出手，市场就开始上涨。

越伟大越简洁定律：真正伟大的投资理念，往往用简单的一句话就可以概括。

心理学更重要定律：数学是无法控制金融市场的，心理因素才是关键。更准确地说，只有掌握普通人的心理本能才能把控市场，才能成功投资。

交易干扰定律：所有的交易都不要在盘中做出。股市瞬息变化，如果投资者不能规避盘中干扰，就会被情绪化的交易干扰。

这是每个投资者都必须练就的基本功。

小散意识定律：下跌时不敢买，上涨时舍不得卖，每天患得患失，这是典型的小散户意识，只会让你的投资跌得更惨、涨得更慢。

一步一步定律：买时要慢一步，让其他投资者替你把底踩实；卖时要快一步，这样虽然少赚了一点，但避免了被套的风险。

行业投资定律：不要投资人人都能干的行业，因为早晚有一天，这个行业会人满为患，无利可图。

眼光定律：只盯着自己的小口袋的是小商人，放眼世界市场的是大商人。都是商人，眼光不同、境界不同，最后的结局也不同。

投资与博傻定律：当市场萧条时，投资者如果能够战胜恐慌，低价买进，才叫投资。在股市一片大好时，跟风追涨，高价买进，只能被称为博傻。

贪婪定律：下跌趋势中的反弹是贪婪者的坟墓，他们是贪念的牺牲品。

庸人自扰定律：大量事实证明，对短线波动越在意，越是做不好长期投资。过度关注短期指标，无非是庸人自扰。

见顶定律：一只个股如果在短期内连续上涨 50%，同时出现了 15% 以上的换手率，投资者就需要高度警惕了，因为这可能是股价见顶的信号。

自律与失误定律：投资的成功有两个先决条件是不可或缺的，一是自身的自律，二是别人的失误。

一无所有定律：有的投资者在股票下跌几块钱时就慌忙卖掉，而在上涨几十元时疯狂地买进，这样到最后注定会亏得一无所有。

长期持股定律：大多数投资者都难以做到长期持股。想要长期持股，必须具备四个条件：闲钱很多；有良好的选股能力；有超然的持股心态；有长期持有的信心。而这些条件都是别人无法为你创造的，只能自己去培养。

投资与趋势定律：在分析趋势的时候，每个投资者都应该留意正反两方面的观点，时刻铭记，兼听则明。

银行家的实质：对于一些银行家，有这样一种有趣的形容——晴天把雨伞借给你，雨天又凶巴巴地要回去。

负面消息定律：在股市形势一片飘红时，所有负面消息都会被轻视或忽略，而一旦出现下跌，所有的负面消息都会被放大或过度解读。

威廉·欧奈尔投资定律：

1. 股市赢家法则就是不买垃圾股，不买平庸股，锁定优质股！

2. 主流股票经常会涨得让人眼红，平庸个股则根本掀不起一丝浪花。

3. 在投资前做足功课，随随便便买股票只会失败。

4. 放手不管只会让亏损继续扩大，这几乎是每个投资者都会犯下的大错。

风险与机会定律：市场的风险通常是涨出来的，而机会通常是跌出来的，大盘和个股都是如此。

巴菲特投资定律：

1. 价廉物美：投资成功的关键在于，能在价格大大低于价值时，买入优质企业的股票。

2. 不犯大错：投资者不需要把每件事都做对，只需要大事上不犯错。

3. 安全边际：在架设桥梁时，要考虑载重量为 100 吨，但是，通车后只能允许 30 吨的卡车通过。这个原则同样适用于投资领域。

4. 独立思考：刻意反其道行之与盲目从众一样愚蠢，我们需要的是独立思考。

5. 不懂不做：投资是否成功与投资者是否真正了解投资项目的程度正相关。

6. 及时纠错：重整旗鼓之前的第一步就是纠正那些错误的决策。

7. 以不变应万变：有时候，投资成功的秘诀就是以不变应万变。

8. 恐惧和贪婪：成功的投资就是在别人贪婪时恐惧，在别人恐惧时贪婪。

9. 分析师与理发师：不要问所谓的分析师该买哪只股票，正如不要问理发师你是否需要理发。

10. 投资杠杆定律：对于大部分投资者来说，命运常常会在最脆弱的环节作弄人，比如酗酒和杠杆。太多的人因为酗酒而失败，太多投资者由于高杠杆而破产。

11. 越好越假定律：好得让人难以置信的，就很可能是假得难以察觉的。

12. 预测定律：预测会发生什么更简单，但预测什么时候发生更困难。

彼得·林奇投资法则：

1. 买进有盈利能力企业的股票，除非没有充足的理由，否则不要轻易卖掉。

2. 投资股市绝对不是为了赚一笔钱，而是要赚一辈子钱。

3. 钟情于计算，沉迷于资产负债表的投资者，大多数都难以成功。

4. 价格下跌不是买进某只股票的理由，同理，上涨就卖掉也是不理性的。

5. 我在华尔街没有遇到过一位投资成功的分析师，破产的倒是不少。

6. 想要决定投资哪个领域的企业很简单，可以走进商场看看最近什么样的商品卖得最火，看看公园中的青少年穿什么牌子的衣服、吃什么品牌的食物；老人吃的保健品是哪些公司的……这些都是投资前应该了解的。

常见的投资错误：

1. 投资不够分散。
2. 没计划就投资。
3. 做出情绪化决策。
4. 对投资组合未定期评估。
5. 过于关注投资目标的历史回报。

屠格涅夫金钱名言：金钱潮水般来来去去，但是让人郁闷的是，它好像每次都避开你。

参照依赖定律：对于得失的评判，大多数人常常取决于参照对象，比如请测试对象在下面两种情况中二选一："隔壁老王年收入 6 万元，你年收入 7 万元"和"隔壁老王年收入 9 万元，你年收入 8 万元"，选择前者的人更多。

迈克·马加斯定律：美国期货交易大师迈克尔·马科斯指出，不要和市场斗，这就像是在跟火车较劲，不管你赢几次，但一次也输不起。

罗伯特·清崎忠告：美国投资家、企业家罗伯特·清崎认为，如果不能抗拒诱惑，那就最好不要奢望财富。

马尔基尔养老方案：美国投资大师、华尔街专业投资人伯顿·马尔基尔告诉大家，安享晚年有两个可行的方案——要么认真理财，要么早点去世。

皮肯斯观察：被誉为“石油先知”的对冲基金创始人托马斯·皮肯斯辛辣地指出，如果投资经理人自己并没有持多少股，那么他对投资者的态度比他对待猴子好不到哪儿去。

斯坦利定律：金钱跟种子很像，你可以吃掉种子，也可以种下种子，但当你看到种子长成了高高的庄稼，你就不舍得多吃了。

苦尽甘来定律：如果对一个投资项目深信不疑，就应该努力投入，承担风险是必要的成本，也是苦尽甘来的过程。

索罗斯投资预测法则：索罗斯认为，投资预测最主要的特点，就是屡测屡败，屡败屡测。

理性有效定律：充满理性的投资才是最有效的发财手段。

迈克尔·斯坦哈特忠告：华尔街亿万富豪交易员、短线交易大师迈克尔·斯坦哈特提醒投资者，应该用理性的眼光审视投资，不要用赌徒的眼光，否则一定会赔钱。

损失难偿定律：捡了100元带来的快乐，难以补偿丢了100元带来的痛苦。

确定效应：在选择确定收益与“赌一把”之间，投资者往往会选择前者。这种见好就收的心态，虽然有利于规避风险，但也会让投资者错失一些盈利机会。

迷恋小概率定律：很多人迷恋低成本的小概率投资，比如买彩票的人，他们明知道中奖的机会微乎其微，但还是乐此不疲。

快刀斩乱麻定律：投资者要学会当机立断，忍痛割爱，要有远见，不要抱残守缺，将希望寄托在毫无把握的企业重组上，那样只会赔得更惨。